高等院校计算机应用系列教材

Python 程序设计
实验指导及习题集

胡荣群　黄建军　主　编
彭雪梅　王　葵　副主编

清華大学出版社
北　京

内 容 简 介

本书是为《Python 程序设计》配套的实验教材与辅导，全书内容包括三部分：第一部分为实验指导，该部分结合主教材各章节的理论知识设置 10 个实验，每个实验围绕核心编程技能设计了具有应用性和趣味性的问题，作为读者上机编程实践操作的训练；第二部分为课程设计，该部分是在 Python 编写程序的步骤和程序调试方法的基础上，让读者更加明确地使用 Python 语言进行程序设计及程序开发，掌握编程环境的应用，学习程序调试的方法和技巧；第三部分为习题集，该部分结合主教材各章节的知识点拓展相关知识，为每章配备了多个习题，包括选择题、填空题、问答题、简答题、思考题，并给出了习题的参考答案，以帮助读者巩固所学的程序设计知识。

本书既可以作为普通高等院校 Python 程序设计课程的辅导教材，也可以作为其他人员进行 Python 编程练习和上机训练的指导用书。

本书封面贴有清华大学出版社防伪标签，无标签者不得销售。
版权所有，侵权必究。举报：010-62782989，beiqinquan@tup.tsinghua.edu.cn。

图书在版编目(CIP)数据

Python 程序设计实验指导及习题集 / 胡荣群，黄建军主编. —北京：清华大学出版社，2023.1
高等院校计算机应用系列教材
ISBN 978-7-302-62472-1

Ⅰ.①P… Ⅱ.①胡… ②黄… Ⅲ.①软件工具－程序设计－高等学校－教材 Ⅳ.①TP311.561

中国版本图书馆 CIP 数据核字(2022)第 257974 号

责任编辑：刘金喜
封面设计：孔祥峰
版式设计：思创景点
责任校对：成凤进
责任印制：朱雨萌

出版发行：清华大学出版社
网　　址：http://www.tup.com.cn，http://www.wqbook.com
地　　址：北京清华大学学研大厦 A 座　　邮　编：100084
社 总 机：010-83470000　　邮　购：010-62786544
投稿与读者服务：010-62776969，c-service@tup.tsinghua.edu.cn
质 量 反 馈：010-62772015，zhiliang@tup.tsinghua.edu.cn

印 装 者：三河市东方印刷有限公司
经　　销：全国新华书店
开　　本：185mm×260mm　　印　张：10.5　　字　数：216 千字
版　　次：2023 年 1 月第 1 版　　印　次：2023 年 1 月第 1 次印刷
定　　价：49.80 元

产品编号：099724-01

前　言

Python 编程语言功能强大、简单易学、开发成本低，除了用于基础编程以外，还可以扩展应用到文本处理、数据分析、数据可视化、网络爬虫、用户图形界面设计、机器学习、Web 开发及游戏开发等领域，并且不局限于这些领域，已成为广大程序开发人员喜爱的程序设计语言之一。本书是《Python 程序设计》配套的实验与习题教材，旨在为读者在 Python 语言程序设计的上机实践和知识巩固的过程中提供训练和帮助。

本书不仅给出了实验部分，包括 Python 开发环境、Python 语法基础、程序控制结构、序列、函数、字符串与正则表达式、面向对象程序设计、文件、模块和数据库访问，而且每部分实验都涵盖了对应的语法知识，包含了数据类型、运算符、常量、变量、表达式和语句的实验练习；循环和分支结构的实验练习；列表、元组、字典和集合的基本操作；定义函数、调用函数、递归函数等函数操作；字符串的常用操作、字符串处理函数、字符串格式化及正则表达式的常用表示方法；类、对象的定义及使用、封装、继承、多态的实现、构造函数及析构函数的使用等；文本文件的读写方法、CSV 文件的读写方法等；random、datetime、os 和 sys 等常用模块的使用方法，以及自定义模块及常用第三方库；数据库程序的连接框架及数据库程序的常用操作。同时，为了提高读者的程序设计及开发能力，本书还提供了课程设计环节，包含了 13 个常见项目的开发过程。本书最后配有完善的习题集，习题量大，几乎涵盖了 Python 中的所有重要语法知识点。

本书所给出的程序已在 Python 3.8.7 环境下通过调试和运行。需要指出的是，无论是习题解答还是程序编写，解题的方法都不是唯一的，书中给出的程序不一定是最优的，希望能对读者有所启发，同时欢迎读者提出自己的思路和想法，编写出更高质量的程序。本书的编写人员全部是多年从事一线教学的教师，具有丰富的教学实践经验。多位长期致力程序设计实践教学的教师对本书的编写提出了宝贵的意见和建议，在此表示衷心的感谢。

感谢读者选择本书，希望本书能对读者学习 Python 有所帮助。

限于编者水平，书中不妥之处在所难免，敬请专家、读者不吝指教。

本书习题答案可通过扫描下方二维码获取。

习题答案

作者

2022 年 9 月

目 录

第一部分 实验指导 ··· 1

  实验一 Python开发环境 ·· 1

    一、实验目的和要求 ·· 1

    二、实验环境 ·· 1

    三、实验内容 ·· 1

    四、实验练习 ·· 7

  实验二 Python语法基础 ·· 8

    一、实验目的和要求 ·· 8

    二、实验环境 ·· 8

    三、实验内容 ·· 8

    四、实验练习 ·· 12

  实验三 程序控制结构 ··· 15

    一、实验目的和要求 ·· 15

    二、实验环境 ·· 15

    三、实验内容 ·· 15

    四、实验练习 ·· 20

  实验四 序列 ·· 23

    一、实验目的和要求 ·· 23

    二、实验环境 ·· 23

    三、实验内容 ·· 23

    四、实验练习 ·· 29

  实验五 函数 ·· 32

    一、实验目的和要求 ·· 32

    二、实验环境 ·· 32

    三、实验内容 ·· 32

四、实验练习 ··· 37
实验六　字符串与正则表达式 ··· 40
　　一、实验目的和要求 ··· 40
　　二、实验环境 ··· 40
　　三、实验内容 ··· 40
　　四、实验练习 ··· 44
实验七　面向对象程序设计 ··· 45
　　一、实验目的和要求 ··· 45
　　二、实验环境 ··· 45
　　三、实验内容 ··· 45
　　四、实验练习 ··· 52
实验八　文件 ··· 53
　　一、实验目的和要求 ··· 53
　　二、实验环境 ··· 53
　　三、实验内容 ··· 53
　　四、实验练习 ··· 57
实验九　模块 ··· 61
　　一、实验目的和要求 ··· 61
　　二、实验环境 ··· 61
　　三、实验内容 ··· 61
　　四、实验练习 ··· 63
实验十　数据库访问 ··· 66
　　一、实验目的和要求 ··· 66
　　二、实验环境 ··· 66
　　三、实验内容 ··· 66
　　四、实验练习 ··· 67

第二部分　课程设计 ·· 69
　项目一　职工信息管理系统 ··· 69
　　一、问题描述 ··· 69
　　二、需求分析 ··· 69
　　三、功能模块 ··· 69
　　四、业务流程 ··· 70
　　五、各功能概述 ·· 70

  六、详细代码 ··· 71

项目二　实验室设备管理系统 ·· 78
  一、问题描述 ··· 78
  二、需求分析 ··· 78
  三、功能模块 ··· 78

项目三　图书管理系统 ·· 79
  一、问题描述 ··· 79
  二、需求分析 ··· 79
  三、功能模块 ··· 79

项目四　通讯录管理系统 ··· 80
  一、问题描述 ··· 80
  二、需求分析 ··· 80
  三、功能模块 ··· 80

项目五　学生选修课管理系统 ·· 81
  一、问题描述 ··· 81
  二、需求分析 ··· 81
  三、功能模块 ··· 81

项目六　职工工作量统计系统 ·· 82
  一、问题描述 ··· 82
  二、需求分析 ··· 82
  三、功能模块 ··· 82

项目七　宿舍管理系统 ··· 83
  一、问题描述 ··· 83
  二、需求分析 ··· 83
  三、功能模块 ··· 83

项目八　超市管理系统 ··· 84
  一、问题描述 ··· 84
  二、需求分析 ··· 84
  三、功能模块 ··· 84

项目九　停车场管理系统 ··· 85
  一、问题描述 ··· 85
  二、需求分析 ··· 85
  三、功能模块 ··· 85

项目十　歌曲信息管理系统 …………………………………………………………… 86
　　一、问题描述 …………………………………………………………………… 86
　　二、需求分析 …………………………………………………………………… 86
　　三、功能模块 …………………………………………………………………… 86
项目十一　酒店管理系统 ……………………………………………………………… 87
　　一、问题描述 …………………………………………………………………… 87
　　二、需求分析 …………………………………………………………………… 87
　　三、功能模块 …………………………………………………………………… 87
项目十二　学生成绩管理系统 ………………………………………………………… 88
　　一、问题描述 …………………………………………………………………… 88
　　二、需求分析 …………………………………………………………………… 88
　　三、功能模块 …………………………………………………………………… 88
项目十三　航空订票管理系统 ………………………………………………………… 89
　　一、问题描述 …………………………………………………………………… 89
　　二、需求分析 …………………………………………………………………… 89
　　三、功能模块 …………………………………………………………………… 89

第三部分　习题集 ……………………………………………………………………… 91
　第1章　Python概述 ……………………………………………………………… 91
　第2章　Python语法基础 ………………………………………………………… 94
　第3章　程序控制结构 …………………………………………………………… 99
　第4章　序列 ……………………………………………………………………… 105
　第5章　函数 ……………………………………………………………………… 113
　第6章　字符串与正则表达式 …………………………………………………… 119
　第7章　面向对象程序设计 ……………………………………………………… 122
　第8章　文件 ……………………………………………………………………… 127
　第9章　异常处理 ………………………………………………………………… 130
　第10章　模块 …………………………………………………………………… 133
　综合测验 …………………………………………………………………………… 135

参考答案 ………………………………………………………………………………… 139

第一部分 实验指导

实验一 Python 开发环境

一、实验目的和要求

(1) 了解 Python 的特性。
(2) 掌握 Python 指定版本解释器的下载与安装方法。
(3) 掌握 Python 开发环境的下载与安装方法。
(4) 掌握如何执行简单的 Python 程序。

二、实验环境

- Windows 10 操作系统。
- Python 运行环境。

三、实验内容

1. Python 解释器下载

(1) 打开 Python 官网下载 Python 运行环境,目前比较稳定的版本是 Python 3.8.7,在打开的下载界面中,单击 Download 按钮,如图 1-1 所示。

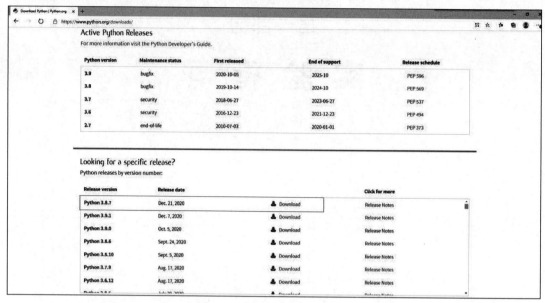

图 1-1 Python 官方下载界面

(2) 根据自己的计算机系统选择 32 位或 64 位后下载,如图 1-2 所示。

图 1-2 Python 安装包下载

(3) 下载完成后,将得到一个名称为 python-3.8.7-amd64.exe 的安装文件。双击 python-3.8.7-amd64.exe,进入如图 1-3 所示的安装界面。勾选 Add Python 3.8 to PATH 复选框,把 Python 的安装路径添加到系统环境变量的 PATH 变量中,自动配置环境变量。单击 Install Now 选项进行安装。

图 1-3 Python 3.8.7 可安装界面

(4) 安装完成后，进入如图 1-4 所示的界面，单击 Close 按钮即可。

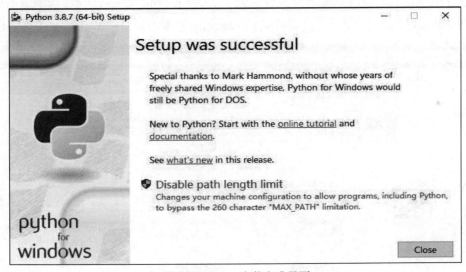

图 1-4 python 安装完成界面

2. 测试 Python 是否安装成功

Python 安装完成后，按 Windows+R 快捷键，打开计算机终端，输入 cmd 命令后按 Enter 键，验证安装是否成功，再在命令行中输入 python 命令，然后按 Enter 键，如果出现 Python 的版本号，则说明软件安装完成，如图 1-5 所示。

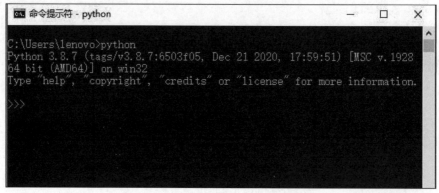

图 1-5　命令行中运行 Python 解释器

3. PyCharm 的安装与使用

1) PyCharm 的下载

打开浏览器，进入 PyCharm 的官方下载界面，有 Professional(专业版)和 Community(社区版)两个版本，其中，Professional 是收费版本，Community 是免费版本，如图 1-6 所示，单击 Download 按钮下载即可。接下来以 Community 版本为例介绍 PyCharm 的安装步骤。

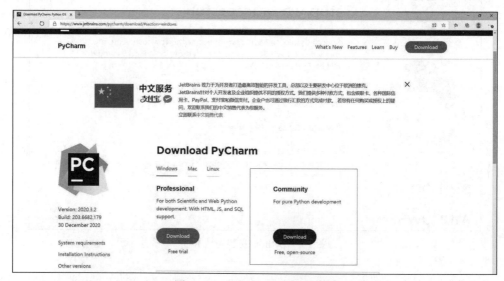

图 1-6　PyCharm 官方下载界面

2) PyCharm 的安装

(1) PyCharm 下载完成之后，将得到一个名为 pycharm-community-2020.3.2.exe 的安装文件，双击该安装文件，进入如图 1-7 所示的安装界面。

图 1-7 PyCharm 安装界面

(2) 单击 Next 按钮，进入 Choose Install Location 界面进行安装路径设置，设置合理的安装路径，如图 1-8 所示。注意，默认安装路径较长，可以根据个人喜好进行设置。

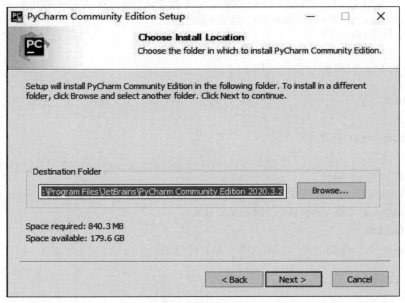

图 1-8 选择安装路径

(3) 设置好路径后，单击 Next 按钮，在安装选项界面中勾选 Create Desktop Shortcut 下的复选框，创建桌面快捷方式界面，再勾选 Update PATH variable 下的复选框，同时设置关联文件(Create Associations)，勾选.py 复选框，如图 1-9 所示。

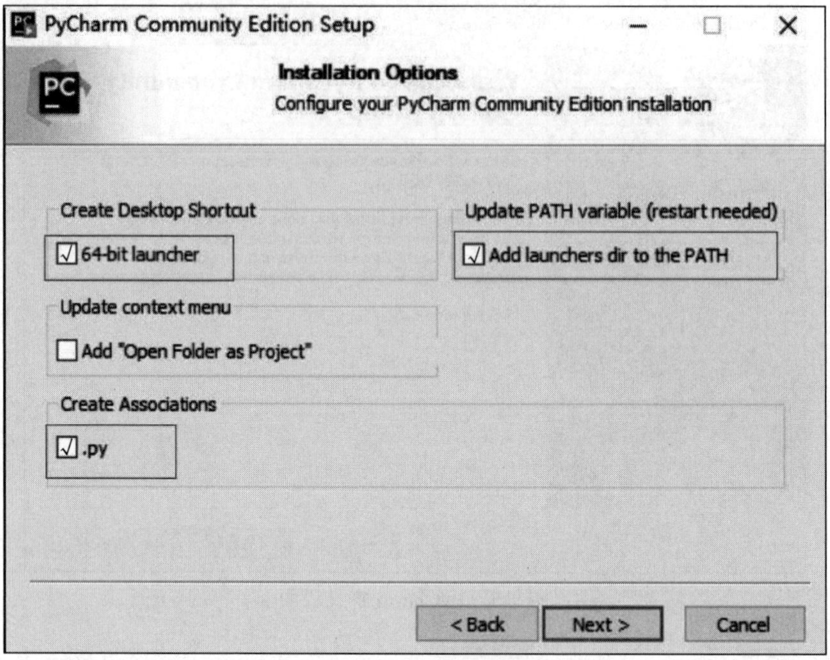

图 1-9 选项设置

(4) 单击 Next 按钮，再单击 Install 按钮，等待 PyCharm 安装完成即可。

4. 运行 Python 程序

求两个数平方和的平方根，代码如下。

```
import math
def func(x,y):
    z=math.sqrt(x**2+y**2)
    return z
if __name__=="__main__":
    a =int(input("请输入一个整数:")) #定义变量 a
    b=int(input("请输入一个整数:")) #定义变量 b
    c=func(a,b)
    print("c =",c) #输出. #调用 func()函数，结果赋给变量 c
```

运行结果如下。

请输入一个整数:3
请输入一个整数:4
c=5

知识点解析：本题可使学生熟悉在开发环境中编写程序、掌握程序格式、添加程序注释、了解如何导入内置模块、如何运行程序、查看程序运行结果及设置开发环境参数等功能。

四、实验练习

1. 下载、安装及测试 Python 开发环境 Anaconda 3，查看 Anaconda 3 和 PyCharm 两种开发环境的区别。

2. 在 Anaconda 3 中编写程序 hello.py 并运行，程序中输出"Hello world!"。

实验二 Python 语法基础

一、实验目的和要求

(1) 了解 Python 语言的基本语法和编码规范。
(2) 掌握赋值操作和运算符的基本用法。
(3) 掌握 Python 语言的数据类型、常量、变量、表达式的用法。
(4) 掌握 Python 常用语句的用法。
(5) 掌握 Python 内置函数的基本使用规则。

二、实验环境

- Windows 10 操作系统。
- Python 运行环境。

三、实验内容

1) 在交互环境中练习使用各种赋值语句、变量、表达式、运算符

```
>>>a=6
>>>a
6
>>>y=a
>>>y
6
>>>a,b=5,3
>>>a,b
(5,3)
>>>a,b=['a',13]
>>>a,b
('a',13)
>>>a,b='34'
>>>a,b
('3','4')
>>>a=b=11
>>>a,b
(11,11)
>>>a+=1
>>>a
```

```
12
>>>a-=2
>>>a
10
>>>a*=3
>>>a
30
>>>a**=2
>>>a
900
>>>a/=9
>>>a
100.0
>>>a%=3
>>>a
1.0
```

知识点解析：本题可使学生学会在交互式环境下查看程序结果，了解单个变量的赋值、多个变量同时赋值及赋值运算符的相关功能。

2) 练习使用各种输入输出语句及内置函数

(1) 在控制台中获取一个商品单价 10，再获取一个商品数量 3，再获取一个金额 50，计算：应找回多少钱？

```
str_unit_price = input("请输入商品单价:")
int_unit_price = float(str_unit_price)
amount = int(input("请输入商品数量:"))
money = float(input("请输入金额:"))
result = money - int_unit_price * amount
print("应找回:"+str(result))
```

运行结果如下。

请输入商品单价:10
请输入商品数量:3
请输入金额:50
应找回:20

知识点解析：本题可使学生掌握输入输出语句的使用，以及类型转换函数的用法。输入语句使用 input()函数，其语法如下。

字符串变量 = input("提示信息")

输出语句使用 print()函数，其语法如下。

print(value, ..., sep=' ', end='\n', file=sys.stdout, flush=False)

其中，value 表示要输出的对象，sep 表示输出时对象之间的间隔符，end 表示输出以何字符结尾。

内置函数 int()用于将一个字符串或数字转换为整型，函数 float()用于将其他类型数据转换为实数，函数 str()将任意类型的数据转换为字符串。

(2) 输入以下代码。

```
a=input("请输入第 1 个数：")
b=input("请输入第 2 个数：")
print(a,'+',b,'=',a+b)
```

运行结果如下。

```
请输入第 1 个数：1
请输入第 2 个数：2
1+2=12
```

知识点解析：本题可使学生区分函数 input()默认输入的是字符串，如果没有类型转换函数，默认是进行字符串相加；掌握加法运算符除了具有算术加法功能以外，还可以利用加法对字符串进行连接操作；掌握输出函数在进行输出时，可以通过相应的方法来控制输出格式。

(3) 用 eval()函数将(2)中输入转换为数字。代码如下。

```
a=eval(input("请输入第 1 个数："))
b=eval(input("请输入第 2 个数："))
print(a,"+",b,"=",a+b)
```

运行结果如下。

```
请输入第 1 个数：1
请输入第 2 个数：2
1+2=3
```

知识点解析：本题可使学生掌握 eval()函数的功能，以及 eval()函数与其他类型转换函数之间的区别。eval()函数的功能是将字符串中的数据类型转换成 Python 表达式原本类型。

(4) 用 int()函数将输入转换为整数(或改为 float()函数进行比较)。代码如下。

```
a=eval(input("请输入第 1 个数："))
b=eval(input("请输入第 2 个数："))
print(a,"+",b,"=",a+b)
```

运行结果如下。

请输入第 1 个数：1
请输入第 2 个数：2
1+2=3

知识点解析：本题可使学生掌握 print()函数输出时，所有需要输出的内容均可以作为函数的参数。

(5) 在 print()函数中加入"sep='#'"参数。代码如下。

```
a=eval(input("请输入第 1 个数："))
b=eval(input("请输入第 2 个数："))
print(a,"+",b,"=",a+b,sep="#")
```

运行结果如下。

请输入第 1 个数：1
请输入第 2 个数：2
1#+#2#=#3

知识点解析：本题可使学生掌握 print()函数中 sep 参数的作用。

(6) 在 print()函数中加入"end="参数。代码如下。

```
a=eval(input("请输入第 1 个数："))
b=eval(input("请输入第 2 个数："))
print(a,end="")
print("+",end="")
print(b,end="")
print("=",end="")
print(a+b,end="")
```

运行结果如下。

请输入第 1 个数：1
请输入第 2 个数：2
1+2=3

知识点解析：本题可使学生掌握 print()函数中 end 参数的作用。

(7) 输入任意自然数，输出各位数字之和。代码如下。

```
ren_num = input("请输入一个自然数:")
print(sum(map(int, ren_num)))
```

或者

```
int_number = int(input("请输入一个 4 位整数:"))
unit01 = int_number % 10
```

```
unit02 = int_number // 10 % 10
unit03 = int_number // 100 % 10
unit04 = int_number // 1000
result = unit01 + unit02 + unit03 + unit04
print(result)
```

运行结果如下。

请输入一个4位整数:1234
10

知识点解析：本题可使学生掌握 sum()函数进行求和时，参数应传入一个序列来求序列中各元素之和；熟练掌握求余和整除运算。

四、实验练习

1. 写出交互式环境中，以下语句的运行结果。

>>>2+3, 5.3-3
_____

>>>5*6, 5.0*6, 3.14*5
_____

>>>3/5, 3.0/5, 3/5.0, 3.0/5.0, 2.33/6

>>>13//5, 13.0//5, 13//5.0, 13.0//5.0

>>>11%3, 11.0%3

>>>2**3, 2**3.2, 2.1**3

>>>x=5
>>>x

>>>x+1, x-2
>>>x

>>>y=x
>>>x=10
>>>x,y

>>>a=b=c=1
>>>a,b,c

>>>a=1,b=2,c=3

```
>>>a,b,c=1,2,"hello"
>>>a,b,c

>>>x=5
>>>x, type(x), id(a)

>>>x=5.0
>>>x, type(x), id(x)

>>>x="Hello world!"
>>>x, type(x), id(x)

>>>a=1+2j
>>>a, type(a), id(a)

>>>a=[1, 2, 3]
>>>a, type(a), id(a)

>>>a=True
>>>a, type(a), id(a)

>>>a=None
>>>a, type(a), id(a)

>>>abs(-2.3)

>>>pow(2,3)

>>>round(2.7)

>>>int(5.6), int('123')

>>>float(5), float('3.14')

>>>chr(65), ord('A')

>>>max(12,34), min(12,34)

>>>sum([1,2,3,4,5])
```

2. 格式输出。写出下面每一条输出语句的输出结果。

print("%d %d %d"%(1,2,3))
print("%d %d %d"%(1.1,2.5,3.6))
print("%e %e %e"%(1.1,2.5,3.6))
print("%f %f %f"%(1.1,2.5,3.6))
print("%5.2f %5.3f %6.7f"%(1.1,2.5,3.6))
print("%10.2f %5.3f %6.7f"%(12345.12345,2.5,3.6))

3. 编写程序，从键盘输入两个数，分别执行算术四则运算，除法运算精确到小数点后2位。运行结果示例如下。

请输入两个数:3,5
3+5=8
3-5=-2
3*5=15
3/5=0.60

4. 编写程序，从键盘输入两个整数，输出两个整数的商和余数。运行结果示例如下。

请输入两个整数:13,4
13 除以 4 的商:3
13 除以 4 的余数:1

实验三 程序控制结构

一、实验目的和要求

(1) 理解和掌握程序的控制结构及其实现方法。
(2) 掌握 if 语句、多分支 if 语句的使用方法。
(3) 掌握 while 语句的使用方法。
(4) 掌握 for 语句的使用方法。
(5) 掌握 break 和 continue 的使用方法。
(6) 掌握使用控制结构解决实际问题。

二、实验环境

- Windows 10 操作系统。
- Python 运行环境。

三、实验内容

1. 程序填空

(1) 使用 if 语句,实现用户输入用户名和密码,当用户名为 admin 且密码为 123456 时,显示登录成功,否则显示登录失败,请将程序补充完整。

```
name=input("请输入用户名：")
password=input("请输入密码")
if_____
        print("登录成功")
else:
    _____
```

参考答案：

(name=='admin')and(password=='123456')
print("登录失败")

知识点解析： 本题可使学生掌握分支语句的结构及用法。if 语句的语法格式如下。

```
if 条件表达式:
    语句块 1
else:
    语句块 2
```

if 语句首先判断条件表达式的值为真还是假。如果为真，则执行语句块 1 的操作；如果为假，则执行语句块 2 的操作。语句块 1 和语句块 2 既可以包含多条语句，也可以只有一条语句，两个语句块总有一个会执行，然后执行分支结构后面的语句。

(2) 使用多分支 if 语句，根据利润提成表计算企业应发放的奖金。

利润	奖金
<=10 万元	10%
>10 万元<=20 万元	7.5%
>20 万元<=40 万元	5%
>40 万元<=60 万元	3%
>60 万元<=100 万元	1.5%
>100 万元	1%

从键盘输入当月利润，求应发放奖金总数。请将程序补充完整。

```
bonus1 = 100000 * 0.1
bonus2 = bonus1 + 100000 * 0.075
bonus4 = bonus2 + 200000 * 0.05
bonus6 = bonus4 + 200000 * 0.03
bonus10 = bonus6 + 400000 * 0.015
i = int(input('input gain:'))
if i <= 100000:
        bonus =_____
elif i <= 200000:
        bonus = bonus1 + (i - 100000) * 0.075
elif i <= 400000:
        bonus = bonus2 + (i - 200000) * 0.05
elif i <= 600000:
        bonus = bonus4 + (i - 400000) * 0.03
elif i <= 1000000:
        bonus = bonus6 + (i - 600000) * 0.015
else:
        bonus = _____
print('bonus = ',bonus)
```

参考答案：

i * 0.1
bonus10 + (i - 1000000) * 0.01

知识点解析：本题可使学生掌握多分支语句的结构及用法。多分支 if 语句的语法结构如下。

```
if 条件表达式 1:
    语句块 1
elif 条件表达式 2:
    语句块 2
elif 条件表达式 3:
    语句块 3
...
else:
    语句块 n
```

多分支 if 语句先判断条件表达式 1 的真假,如果条件表达式 1 的结果为真,则执行语句块 1 的操作,如果条件表达式 1 的结果为假,则继续判断条件表达式 2 的真假;如果条件表达式 2 为真,则执行语句块 2 的操作,如果条件表达式 2 的结果为假,则继续判断条件表达式 3 的真假;以此类推,依次继续判断条件表达式,找到一个为真的条件表达式,就执行该条件表达式下的语句块,不再判断其他的条件表达式。如果所有条件表达式均为假,则执行 else 后面的语句块;如果没有 else 语句块,则不执行任何操作。任何一个分支的语句块执行之后,结束该分支语句。

(3) 下面的程序计算 n!,请将程序补充完整。

```
n = int(input('请输入 n:'))
s=1
i=2
while _____:
    s*=i
    _____
print("%s!=%d"%(n,s))
```

参考答案:

i<=n

i+=1

知识点解析:本题可使学生掌握基本的 while 语句的结构及用法。基本的 while 语句结构如下。

```
while 条件表达式:
    循环体
```

首先计算条件表达式的值,若条件表达式的值为真,则执行循环体,并返回条件处,重新计算条件表达式的值后决定是否重复执行循环体;若条件表达式的值为假,则循环结束,执行 while 语句之后的后续语句。

(4) 下面的程序输出斐波那契数列的前 n 项,请将程序补充完整。

```
n = int(input('请输入 n：'))
a=b=1
print(1,1,end='')
for x in _____:
    print('',a+b,end='')
    _____
```

参考答案：

range(2,n)
a,b=b,a+b

知识点解析：本题可使学生掌握 for 语句的结构及用法。for 语句的语法格式如下。

for 变量 in 序列或可迭代对象:
    循环体

for 语句的执行过程是：从序列或可迭代对象中逐一提取元素，放入循环变量，每执行一次循环体，往后提取一个元素，循环次数就是元素的个数，直到序列或可迭代对象中没有元素可取，循环终止。

2. 程序设计

(1) 从键盘输入一个字符，判断该字符是字母字符、数字字符，还是其他字符。代码如下。

```
ch = input("请输入一个字符：")
if '0' <= ch <='9':
    print("数字字符")
elif 'A'<= ch <='Z' or 'a'<=ch <='z':
    print("字母字符")
else:
    print("其他字符")
```

知识点解析：本题可使学生熟练掌握多分支结构的用法。

(2) 使用循环结构，输出范围在 1～100 的所有能被 3 整除，但是不能被 5 整除的数。代码如下。

```
for i in range(1,100):
    if i%3!=0 or i%5==0:
        continue
    print(i,end=" ")
```

知识点解析：本题可使学生学会在循环语句中嵌套分支结构，掌握循环控制语句 continue 的作用。continue 语句的作用是终止本次循环提前进入下一次循环中。

(3) 使用循环结构,输出 1000—2000 年之间的所有闰年,要求每行输出 5 个年份。代码如下。

```
k=0
for i in range(1000,2000+1):
    if (i%4==0 and i%100!=0) or (i%400==0):
        k+=1
        print("{}".format(i),end=" ")
        if k%5==0:
            print("")
```

知识点解析:本题可使学生熟练掌握循环语句和分支语句的嵌套使用;掌握输出语句中 format 格式化输出方法;掌握每行输出相应数量结果的方法。

(4) 编写程序,实现猜数游戏。在程序中随机生成一个范围在 0~9(包含 0 和 9)的随机整数 T,让用户通过键盘输入所猜的数。如果输入的数大于 T,则显示"遗憾,太大了";如果输入的数小于 T,则显示"遗憾,太小了";如此循环,直至猜中该数,显示"预测 N 次,你猜中了",其中 N 是指用户在这次游戏中猜中该随机数一共尝试的次数。代码如下。

```
import random
rnd=random.randint(0,9)
print("系统刚随机产生了范围在 0~9 的一个整数")
user=int(input("请输入你猜的数:"))
k=0
while 1:
    k=k+1
    if user>rnd:
        print("遗憾,太大了")
        user=int(input("请继续输入你猜的数:"))
    elif user<rnd:
        print("遗憾,太小了")
        user=int(input("请继续输入你猜的数:"))
    else:
        print("预测{}次,你猜中了".format(k))
        break
```

知识点解析:本题可使学生了解有时程序需要进行死循环,而当程序满足特殊条件时才退出循环;掌握循环控制语句 break 的用法。break 语句的作用是终止当前的循环。

(5) 使用循环结构,计算糖果总数。假设有一盒糖果,按照如下方式从中取糖果。

一颗一颗地取,正好取完
两颗两颗地取,还剩一颗
三颗三颗地取,正好取完

四颗四颗地取，还剩一颗
五颗五颗地取，还差一颗
六颗六颗地取，还剩三颗
七颗七颗地取，正好取完
八颗八颗地取，还剩一颗
九颗九颗地取，正好取完

请问：这个盒子里至少有多少颗糖果？代码如下。

```
n=1
while 1:
    if n%2==1 and n%3==0 and n%4==1 and n%5==4 and \
        n%6==3 and n%7==0 and n%8==1 and n%9==0:
        print("这个盒子里一共有{}颗糖果".format(n))
        break
    else:
        n=n+1
```

知识点解析：本题可使学生熟练掌握死循环的写法及退出方法，熟练掌握 break 语句的用法。

(6) 编写程序模拟硬币的投掷，假设 0 表示硬币反面，1 表示硬币正面。在程序中让计算机产生若干次(建议大于 100 次)随机数，统计 0 和 1 分别出现的次数，并观察 0 和 1 出现的次数是否相同。代码如下。

```
import random
num0=0
n=eval(input("请输入你要模拟投掷硬币的次数："))
for i in range(n):
    rnd=random.randint(0,1)
    if rnd==0:
        num0=num0+1
num1=n-num0
print("硬币反面{}次,硬币正面{}次".format(num0,num1))
```

知识点解析：本题可使学生熟练掌握 for 语句的结构及用法。

四、实验练习

1.《中华人民共和国民法典》中规定，男性 22 周岁为合法结婚年龄，女性 20 周岁为合法结婚年龄。判断一个人是否到了合法结婚年龄，并输出判断结果，Yes、No 或 Error。请将程序补充完整，实现其功能，并上机调试程序，以测试其正确性。

```
sex = input("sex(F or M)")
age = eval(input("age(1 - 150):"))
if sex == 'M':
    if _____:
        print("Yes")
    elif age < 22:
        print("No")
    else:
        print("Error")
elif sex == 'F':
    if age>=20:
        print("Yes")
    elif _____:
        print("No")
    else:
        _____
else:
    print("Error")
```

2. 对于一元二次方程 $ax^2+bx+c=0$，输入其 3 个系数 a、b、c，输出方程的实根。请将程序补充完整，实现其功能，并上机调试程序，以测试其正确性。

```
a=float(input('请输入 a:'))
b=float(input('请输入 b:'))
c=float(input('请输入 c:'))
p=b*b-4*a*c
if _____:
    x1=(-b+math.sqrt(p))/(2*a)
    x2=(-b-math.sqrt(p))/(2*a)
    print(x1,x2)
elif _____:
    x1=x2=-c/b
    print(x1)
else:
    print('没有实根')
```

3. 已知 s=1+1/3+1/5+…+1/(2n-1)，求 s<3 时 n 的最大值及 s 的值。请将程序补充完整，实现其功能，并上机调试程序，以测试其正确性。

```
n=1
s=0
while _____:
    s=s+1/n
    n=n+2
s=_____
n=_____
print(s,n)
```

4. 编写程序，给定一个不多于 6 位的正整数，计算该正整数的位数，并逆序打印出各位数字。运行结果示例如下。

请输入一个不多于 6 位的正整数：12345
位数：5
逆序结果：54321

5. 编写程序，找出所有三位的升序数。升序数，是指其个位数大于十位数，且十位数大于百位数的数，如 235 就是一个升序数。

6. 编写程序，从键盘输入年份和月份，判断该月有多少天。

(1) 1、3、5、7、8、10、12 月份有 31 天，4、6、9、11 月份有 30 天。

(2) 闰年 2 月有 29 天，非闰年 2 月有 28 天。

运行结果示例如下。

请输入年份：2019
请输入月份：3
该月有 31 天

7. 一辆卡车违反交通规则，撞人后逃逸，其车牌号为一个四位整数。现场有 3 个人目击该事件，但都没有记住车牌号，只记下了车牌号的一些特征。甲说：车牌号的前两位数字是相同的；乙说：车牌号的后两位数字是相同的，但与前两位不同；丙是数学家，他说：四位车牌号所构成的数字正好等于一个整数的平方。请根据以上线索求出车牌号。

8. 编写程序，输出下列菱形图案。

```
   *
  ***
 *****
*******
 *****
  ***
   *
```

实验四　序列

一、实验目的和要求

(1) 掌握 Python 中的列表、元组、字典、集合等组合数据类型的表示及基本操作。
(2) 利用列表、元组、字典解决实际问题。
(3) 理解列表切片操作，理解序列解包工作原理。
(4) 掌握组合数据类型相关函数及方法的使用。

二、实验环境

- Windows 10 操作系统。
- Python 运行环境。

三、实验内容

1. 程序填空

(1) 下面的程序是判断一个字符串是否为回文字符串(将字符串反转之后，得到的字符串同原字符串，称为回文字符串)。请将程序补充完整。

```
s = input("请输入文字: ")
r = _____
if _____:
    print(s, "是回文")
else:
    print(s, "不是回文")
```

参考答案：

s[::-1]
s == r

知识点解析：本题可使学生掌握序列正向索引、反向索引，以及序列切片的用法。正向索引从 0 开始，第二个元素索引是 1，以此类推；反向索引从尾部开始，最后一个元素的索引为-1，往前一个为-2，以此类推。

(2) 下面的程序生成包含 20 个随机数的列表，然后将列表中前 10 个元素降序排列，后 10 个元素升序排列，并输出结果。请将程序补充完整。

```
import random
x=[random.randint(0,100) for i in range(20)]
print(x)
x[:10] = _____
_____ = sorted(x[10:],reverse=False)
print(x)
```

参考答案：

sorted(x[:10],reverse=True)
x[10:]

知识点解析： 本题可使学生掌握列表生成式的用法；熟练掌握列表切片、列表元素排序的方法、参数。使用切片来截取列表中的任何部分，得到一个新列表，语法格式如下。

list_name[start:end:step]

其中，list_name 表示需要切片操作的列表名；start 表示切片开始的位置，默认是 0；end 表示切片截止的位置(不包含该位置)，默认是列表长度；step 表示切片的步长，默认是 1。当 start 是 0 时，start 可以省略；当 end 是列表的长度时，end 可以省略；当 step 是 1 时，step 也可以省略，并且省略步长时可以同时省略最后一个冒号。此外，当 step 为负数时，表示反向切片，这时 start 值应比 end 值大。

列表生成式的语法格式如下。

[表达式 for 迭代变量 in 可迭代对象 [if 条件表达式]]

sorted()排序函数中，第一个参数是带排序的序列，reverse 参数值为 True 表示降序，值为 False 表示升序，默认为升序排列。

(3) 有 9 个学生一起做游戏，每个人报一个[1,20]区间上的正整数，编程求出有多少个不同的数及每个数出现的次数。请将程序补充完整。

```
import random
list1=[random.randint(1,20) for i in range(9)]
d=_____
for i in list1:
    if i in _____:
        d[i]+=1
    else:
        d[i]=1
print(d)
```

参考答案：

{}
d

知识点解析：本题可使学生熟练掌握列表生成式的用法；掌握字典的创建、字典元素的访问及遍历和修改元素值的方法；掌握遍历列表方法。列表和字典都可以直接使用 for 循环遍历其中的元素，创建字典的方法有以下两种。

dict_name = {}

或者

dict_name = dict()

可以根据提供的"键"作为下标访问对应的"值"，也可以通过重新给某个"键"赋值的方法修改字典元素值。

(4) 给定一个列表，找出列表中任意两个元素相加等于 9 的元素。请将程序补充完整。

```
nums = [2, 7, 11, 15, 1, 8]
list1 = []
lenth= len(nums)
for i in range(0, lenth-1):
    for j in range(i+1,lenth):
        if _____:
            n = (nums[i], nums[j])
            list1._____
print(list1)
```

参考答案：

nums[i] + nums[j] == 9

append(n)

知识点解析：本题可使学生掌握求列表长度、列表追加元素的方法。len()函数用来求序列类型的元素个数(即长度)，append()方法用于在列表末尾添加新的元素对象。

(5) 下面的程序生成一个包含 20 个随机整数的列表，对其偶数下标的元素进行降序排列，奇数下标的元素不变。请将程序补充完整。

```
import random
list1=[random.randint(0,100) for i in range(20)]
print(list1)
list1[::2] = sorted(_____)
print(list1)
```

参考答案：

list1[::2],reverse=True

知识点解析：本题可使学生熟练运用列表生成式、切片、排序来解决实际问题。

(6) 下面的程序实现将列表中的重复元素去除。请将程序补充完整。

方法一：

```
list1 = [2,3,5,2,6,5,8,9]
list2 = []
for i in list1:
    if i not in list2:
        _____
print(list2)
```

参考答案：

list2.append(i)

方法二：

```
list1 = [2,3,5,2,6,5,8,9]
list2 = list(_____)
print(list2)
```

参考答案：

set(list1)

知识点解析：本题可使学生掌握集合的概念。集合中的每个元素都是唯一的，元素之间不允许重复。集合最好的应用就是去重。

2. 程序设计

(1) 编写程序，利用列表实现栈的基本操作。

```
s = []
while True:
    print("""
    1.入栈
    2.出栈
    3.查看栈顶元素
    4.查看栈的长度
    5.栈是否为空
    6.退出
    """)
    choice = input("请输入你的选择:")
    if choice == '1':
        a = input('入栈:')
        s.append(a)
        print("入栈成功")
```

```
        elif choice == '2':
            if len(s)==0:
                print("栈为空")
            else:
                b = s.pop()
                print(f"{b}出栈")
        elif choice == '3':
            if len(s) == 0:
                print("栈为空")
            else:
                c = s[-1]
                print(f"栈顶元素为{c}")
        elif choice == '4':
            d = len(s)
            print(f"栈的长度为{d}")
        elif choice == '5':
            if len(s) == 0:
                print("栈为空")
            else:
                print("栈非空")
        elif choice == '6':
            break
        else:
            print("输入的数字有误")
```

知识点解析：本题可使学生学会综合应用循环、多分支结构、列表及相关函数，重点掌握列表的 append()、pop()方法的应用。pop()方法的功能是删除并返回指定位置(默认为最后一个)上的元素。

(2) 编写程序，求列表中的元素个数、最大值、最小值、元素之和、平均值。

```
list1 = [49, 8, 16, 12, 29, 5, 26, 24, 25, 16]
n = len(list1)
print("元素个数:",n)
max_value = max(list1)
print("最大值:",max_value)
min_value = min(list1)
print("最小值:",min_value)
s = sum(list1)
print("元素之和:",s)
avg = s/n
print("平均值:",avg)
```

知识点解析：本题可使学生熟练掌握序列操作的通用函数。

(3) 编写程序，生成 20 个范围在 0～100 的随机数的列表，然后将列表中的偶数放到列表的前面，奇数放到列表的后面，并输出。

```
import random
list1 = [random.randint(1,100) for i in range(10)]
odd = [i for i in list1 if i%2==1]
even = [i for i in list1 if i%2==0]
out_list = odd + even
print(out_list)
```

知识点解析：本题可使学生熟练掌握列表生成式，以及使用加法运算符对列表增加元素。

(4) 编写程序，利用列表实现二分查找。

```
list_search = [2,6,13,19,25,28,36,40,53,66]
key = int(input("请输入要查找的关键字:"))
low = 0
high = len(list_search)-1
while low<=high:
    mid = (low+high)//2
    if list_search[mid]>key:
        high = mid -1
    elif list_search[mid]<key:
        low = mid + 1
    else:
        print(f"找到了，索引为{mid}")
        break
if low>high:
    print("没找到")
```

知识点解析：本题可使学生学会综合应用循环结构、分支结构及列表来解决实际问题。

(5) 编写程序，模拟轮盘抽奖游戏，轮盘上有一个指针和不同的颜色，不同颜色表示一等奖、二等奖、三等奖，转动轮盘，轮盘慢慢停下后依靠指针所指向的不同颜色来判定获奖等级，模拟随机抽奖 1000 次，统计中奖情况。

```
import random
prize = {'一等奖':(0,0.08),'二等奖':(0.08,0.3),'三等奖':(0.3,1.0)}
result = {}
for i in range(1000):
    n = random.random()
    for key,value in prize.items():
        if value[0]<=n<value[1]:
            result[key] = result.get(key,0)+1
```

```
for item in result.items():
    print(item)
```

知识点解析：本题可使学生学会应用循环结构、分支结构、字典、元组解决问题，重点掌握字典的遍历、字典的 get()方法。元组的元素利用下标获取，字典对象的 get()方法用来获取指定键的值，语法格式如下。

dict_name.get(key[,default])

其中，参数 key 是要获取的键，default 是可选项，当指定的键不存在时，返回默认值，如果省略，则返回 None。

(6) 编写程序，将两个 3 行 3 列的矩阵对应位置的元素相加，返回一个新的矩阵。

```
x=[[10,7,5],[6,3,8],[3,6,9]]
y=[[5,7,9],[2,3,4],[4,5,7]]
res=[[0,0,0],[0,0,0],[0,0,0]]
for i in range(len(x)):
    for j in range(len(x[0])):
        res[i][j] = x[i][j] + y[i][j]
for r in res:
    print(r)
```

知识点解析：本题可使学生学会使用嵌套列表。嵌套列表就是列表中包含列表。嵌套列表的创建方式与普通列表相同，嵌套列表的元素访问方式与普通列表相似。

四、实验练习

1. 从键盘输入一个小于 1000 的任意整数，对其进行因式分解，如 60=2×2×3×5。请将程序补充完整，实现其功能，并上机调试程序，以测试其正确性。

```
n = int(input("请输入一个小于 1000 的正整数:"))
m = n
i = 2
result = []
while _____:
    if m % i == 0:
        _____
        m = m/i
    else:
        _____
print(n,'=',end=' ')
for i in range(len(result)):
    if _____:
        print(result[i],end='')
```

```
        else:
            print(result[i],'*',end='')
```

2. 约瑟夫环问题。给 n 个学生编号 1~n，按顺序围成一圈，按 1~3 报数，凡报到 3 者出列，然后下一个人继续从 1 开始报数，直到最后只剩下一个人，计算剩下的这个人是第几号学生并输出。请将程序补充完整，实现其功能，并上机调试程序，以测试其正确性。

```
num = int(input("请输入学生总数:"))
list_no = []
n = 0
for i in range(num):
    list_no.append(1)
sum1 = 0
while True:
    sum1 += list_no[n]
    if _____:
        list_no[n] = 0
        sum1 = 0
        num -= 1
        if _____:
            break
    _____
    if n>=len(list_no):
        _____
for i in range(len(list_no)):
    if _____:
        print(f"最后剩下的同学是:{i+1}号")
        break
```

3. 编写程序，随机生成 50 个整数的列表，删除列表中的所有奇数。

4. 编写程序，从键盘输入一个整数，判断该数中是否存在重复的数字。运行结果示例如下。

输入：1213
输出：重复
输入：345
输出：无重复

5. 编写程序，输入一组词语，输出各个词语及出现的次数。运行结果示例如下。

请输入一组词语(以空格分隔)：red blue green red green 红色 蓝色 绿色 红色 绿色
red:2
blue:1
green:2
红色:2

蓝色:1
绿色:2

6. 学校举行运动会，下面是运动员 100 米短跑成绩。

陈明:10.76
李强:10.79
宋辰辰:10.69
孙小虎:10.85
王涛涛:10.78
刘小凯:10.86

编写一个程序，按名次输出排名、姓名和成绩。运行结果示例如下。

```
名次    姓名       成绩
1       宋辰辰     10.69
2       陈明       10.76
3       王涛涛     10.78
4       李强       10.79
5       孙小虎     10.85
6       刘小凯     10.86
```

7. 在运动会比赛中，体操比赛有 10 个评委为参赛的选手打分，分数为 1~100 分。选手最后得分为：去掉一个最高分和一个最低分后其余 8 个分数的平均值，编写一个程序实现。运行结果示例如下。

10 个评委的打分：86，86，85，89，83，88，87，87，86，88
去掉一个最高分：89
去掉一个最低分：83
选手的最后得分：86.625

8. 编写程序，从键盘输入一个字符串，将其排序后存储成压缩格式输出。运行结果示例如下。

请输入字符串：aabbbccdecccdffagaag
压缩后的结果：5a3b5c2d1e2f2g

实验五　函数

一、实验目的和要求

(1) 掌握普通函数的定义和使用方法。
(2) 掌握可接受任意参数函数的定义和使用方法。
(3) 掌握递归函数的定义和使用方法。
(4) 掌握变量的作用域。
(5) 掌握 lambda 表达式的用法。

二、实验环境

- Windows 10 操作系统。
- Python 运行环境。

三、实验内容

1. 程序填空

(1) 编写函数，接收一个字符串，统计字符串中大写字母、小写字母、数字及其他字符的个数，结果以元组的形式返回。请将程序补充完整。

```
def fun(s):
    capital = little = digit = other = 0
    for i in s:
        if 'A'<=i<='Z':
            capital += 1
        elif 'a'<=i<='z':
            little += 1
        elif _____:
            digit += 1
        else:
            _____
    return _____
if __name__ == "__main__":
    s = input("请输入一个字符串:")
    t = fun(s)
    print(f"大写字母：{t[0]}")
    print(f"小写字母：{t[1]}")
```

```
print(f"数字：{t[2]}")
print(f"其他字符：{t[3]}")
```

参考答案：

'0'<=i<='9'
other += 1
capital,little,digit,other

知识点解析： 本题可使学生掌握函数的定义及调用，掌握函数的返回值及类型。定义函数的语法格式如下。

def 函数名([参数列表]):
    函数体
[return [返回值]]

函数调用的基本语法格式如下。

函数名([参数])

return 语句的语法格式如下。

return [value]

如果返回多个值，那么这些值会聚集起来并以元组类型返回。

(2) 下面的程序利用 lambda 表达式返回输入的多个数据中的最大值和最小值。请将程序补充完整。

```
a = eval(input("请输入多个数据，以逗号分隔:"))
max_min = lambda x:_____
print(f"最大值和最小值是:{_____}")
```

参考答案：

(max(x),min(x))
max_min(a)

知识点解析： 本题可使学生掌握 lambda 函数的定义及调用。lambda 语法格式如下。

lambda 参数:表达式

其中，参数为可选，用于指定要传递的参数列表，多个参数间使用逗号分隔；表达式用于指定一个实现具体功能的表达式。如果有参数，那么在该表达式中将应用这些参数。表达式的计算结果作为 lambda 的返回值。

(3) 编写函数，接收一个列表(包含 10 个整数)和一个整数 k，将列表下标 k 之前对应(不包含 k)的元素逆序，将下标 k 及之后的元素逆序，返回一个新列表。请将程序补充完整。

```
import random
def _____:
    if k<0 or k>len(li):
        return "位置有误"
    list1 = li[:k][::-1]
    list2 = _____
    return list1+list2
if __name__ == "__main__":
    li = [random.randint(1,100) for i in range(10)]
    print(li)
    li1 = fun(li,4)
    print(li1)
```

参考答案：

fun(li,k)
li[k:][::-1]

知识点解析：本题可使学生熟练掌握函数定义及调用，掌握函数的参数传递及函数的返回值。函数的参数包含位置参数、默认值参数、关键字参数、可变长度参数等。

(4) 编写函数，找出所有的水仙花数。水仙花数是指一个三位数，其各位数字的立方和等于该数本身，如 $153=1^3+5^3+3^3$。请将程序补充完整。

```
def narcissistic(n):
    a = n//100
    b = n%100//10
    c = n%10
    if _____:
        return True
    else:
        return False
if __name__ == "__main__":
    for i in range(100,1000):
        if _____:
            print(i)
```

参考答案：

a*a*a+b*b*b+c*c*c==n
narcissistic(i)

知识点解析：本题可使学生熟练掌握函数的定义及调用，掌握函数在遇到 return 语句后即返回到调用的地方，函数中 return 后面的语句不再被执行。

2. 程序设计

(1) 编写函数,用于判断一个正整数是否为素数,并利用函数求出范围在 1~100 的所有素数。代码如下。

```
def is_prime(num):
    for i in range(2,num):
        if num%i == 0:
            return False
        else:
            return True
print([i for i in range(2,101) if is_prime(i)])
```

知识点解析:本题可使学生学会综合应用函数、循环结构、分支结构和列表来解决问题,并将函数调用嵌入列表生成式的 if 条件中的用法。

(2) 编写函数,判断一个数是否是完数,并利用该函数找出 1000 以内的所有完数。完数,是指这个数恰好等于它的因子之和。代码如下。

```
def wanshu(n):
    m = n
    result = []
    for i in range(1,m):
        if m % i == 0:
            result.append(i)
    if sum(set(result))==n:
        return True
    else:
        return False
if __name__ == "__main__":
    for i in range(2,1000):
        if wanshu(i):
            print(i)
```

知识点解析:本题可使学生学会综合应用函数、列表、集合的特性、循环结构、分支结构及相关的方法来解决实际问题。

(3) 编写一个递归函数,将所输入的字符串以相反顺序输出。代码如下。

```
def output(s,n):
    if n==0:
        return
    print(s[n-1],end='')
    output(s,n-1)
s = input("请输入一个字符串:")
```

```
        n = len(s)
        output(s,n)
```

知识点解析：本题可使学生掌握递归函数的定义及调用，以及递归函数的退出方法。递归函数是指某个函数调用自己或调用其他函数后再次调用自己。递归函数一定存在至少两个分支，一个是退出调用，不再直接或间接调用自己；另一个是继续调用。

(4) 编写函数求两个正整数的最大公约数。代码如下。

方法一：非递归方法

```
def gys(m,n):
    k=min(m,n)
    g=1
    for i in range(k,1,-1):
        if((m%i==0)and(n%i==0)):
            g=i
            break
    return g
if __name__ == "__main__":
    m = int(input("请输入 m:"))
    n = int(input("请输入 n:"))
    print(gys(m,n))
```

方法二：递归方法

```
def gys(m,n):
        if m>n:
            m,n,=n,m
        if n%m==0:
            return m
        else:
            return gys(m,n%m)
if __name__ == "__main__":
    m = int(input("请输入 m:"))
    n = int(input("请输入 n:"))
    print(gys(m,n))
```

知识点解析：本题可使学生熟练掌握递归程序和非递归程序之间的区别，以及如何使用递归和非递归方法来编写程序。

(5) 编写程序，从键盘输入一个字符串和一个加密密钥 k，将输入字符串的所有字符加密，假设加密密钥 k=3，然后使用同样的密钥进行解密。代码如下。

```
def encry(encry_string,k):
        decry_string = ''
```

```
        for i in encry_string:
            decry_string = decry_string + chr(ord(i)+k)
        return decry_string
    def decry(decry_string,k):
        encry_string = ''
        for i in decry_string:
            encry_string = encry_string + chr(ord(i)-k)
        return encry_string
    if __name__ == "__main__":
        encry_string = input("请输入要加密的字符串:")
        k = int(input("请输入加密密钥:"))
        decry_string = encry(encry_string,k)
        print("加密后的字符串为:",decry_string)
        encry_string = decry(decry_string,k)
        print("解密后的字符串为:", encry_string)
```

知识点解析：本题可使学生掌握多个函数之间的调用及函数的嵌套调用等功能。

四、实验练习

1. 以下程序功能是在给定的一个有序序列中插入一个数据，使序列仍然保持有序。请将程序补充完整，实现其功能，并上机调试程序，以测试其正确性。

```
def insert_num(li,x):
    for i in range(_____):
        if li[i]>x:
            return li[:i]+[x]+li[i:]
    return li+[x]
li = [3,6,12,43,56,75,89]
x = int(input("请输入要插入的数据:"))
li = insert_num(_____)
print(li)
```

2. 以下程序是输出一个 n 行的杨辉三角，若从键盘输入 6，则输出如下结果。

```
1
1    1
1    2    1
1    3    3    1
1    4    6    4    1
1    5    10   10   5    1
```

请将程序补充完整，实现其功能，并上机调试程序，以测试其正确性。

```
def print_yanghui(n):
    x = []
    for i in range(1,n+1):
        x.append([1]*i)
    for i in range(2,n):
        for j in _____:
            x[i][j]=_____
    for i in range(n):
        for j in range(i+1):
            print("%-8d"%x[i][j],end='')
        _____
n = int(input("请输入 n 的值:"))
print_yanghui(n)
```

3. 编写一个函数 my_sum(a,n)，求以下 n 项式的和，并返回该值。

s=a+aa+aaa+⋯+aa⋯a

其中 a 是 1~9 的数字，最后一项是 n 位都是 a 的数字。运行结果示例如下。

请输入 a,n：2，5
s=24690

4. 编写函数，给一个不多于 8 位的正整数，求出它是几位数，并逆序输出各位数字。运行结果示例如下。

请输入一个正整数：123456
它是一个 6 位数
逆序为：654321

5. 编写函数，将 n 个数前半部分和后半部分互换，n 为奇数时，中间的数不移动。运行结果示例如下。

请输入 n 个数据：1，2，3，4，5
互换后的结果：4，5，3，1，2

6. 有 5 个人坐在一起，问第 5 个人多少岁，他说比第 4 个人大 2 岁；问第 4 个人多少岁，他说比第 3 个人大 2 岁；问第 3 个人多少岁，他说比第 2 个人大 2 岁；问第 2 个人多少岁，他说比第 1 个人大 2 岁；最后问第 1 个人多少岁，他说 10 岁。编写程序求第 5 个人是多少岁，请分别用递归和非递归的方法解决。

7. 编写一个 lambda() 函数，返回 3 个数中的最大值。运行结果示例如下。

请输入 3 个数：24，13，64
最大的数是：64

8. 编写函数，判断两个数是否为幸运数对，并找出所有的三位数幸运数对，每行输出

6 组。幸运数对是指两数相差 3，且各位数字之和能被 6 整除的一对数，如 147 和 150 就是幸运数对。运行结果示例如下。

(129, 132)　(138, 141)　(147, 150)　(189, 192)　(219, 222)　(228, 231)
(237, 240)　(279, 282)　(288, 291)　(309, 312)　(318, 321)　(327, 330)
(369, 372)　(378, 381)　(387, 390)　(408, 411)　(417, 420)　(459, 462)
(468, 471)　(477, 480)　(507, 510)　(549, 552)　(558, 561)　(567, 570)
(639, 642)　(648, 651)　(657, 660)　(729, 732)　(738, 741)　(747, 750)
(789, 792)　(819, 822)　(828, 831)　(837, 840)　(879, 882)　(888, 891)
(909, 912)　(918, 921)　(927, 930)　(969, 972)　(978, 981)　(987, 990)

9*. 编写程序实现如下功能。

(1) 编写 3 个函数，分别求三角形、矩形和圆的周长。

(2) 使用装饰器对上述 3 个函数的传入参数进行调用和合法性检查。

实验六　字符串与正则表达式

一、实验目的和要求

(1) 掌握字符串的各种表示和操作方法。
(2) 掌握常用字符串处理函数的使用方法。
(3) 掌握字符串格式化方法。
(4) 掌握正则表达式的常用表示方法。

二、实验环境

- Windows 10 操作系统。
- Python 运行环境。

三、实验内容

1. 程序填空

(1) 编写程序，从键盘接收一个字符串，计算字符串中字母和数字的个数。请将程序补充完整。

```
s = input("请输入一个字符串:")
d = {"digits":0,"letters":0}
for c in _____:
    if c._____:
        d["digits"] += 1
    elif c.isalpha():
        d["letters"] += 1
print("字母:",d["letters"])
print("数字:",d["digits"])
```

参考答案：

s
isdigit()

知识点解析：本题可使学生掌握如何遍历字符串，掌握利用字符串的 isdigit()方法和 isalpha()方法来判断字符是数字字符还是字母字符。

(2) 编写程序，从键盘输入一段英文，输出这段英文中所有长度为 3 个字母的英语单词。请将程序补充完整。

```
import re
s = input("请输入一段英文:")
pattern = re.compile(_____)
print(pattern._____)
```

参考答案：

r'\b[a-zA-Z]{3}\b'
findall(s)

知识点解析： 本题可使学生掌握正则表达式模块、正则表达式元字符的使用，以及 compile()方法的用法。

其中，\b 用来匹配任何单词的边界，[]用来匹配位于[]中的任意一个字符，{n}匹配 n 次前面出现的正则表达式；compile()方法对正则表达式模式进行编译，生成一个正则表达式对象。

(3) 编写程序，从小写字符集中随机抽取两个字母组成字符串，共执行 100 次，输出所有不同的字符串及其重复次数，并按字符串升序输出。请将程序补充完整。

```
import random
s = 'abcdefghijklmnopqrstuvwxyz'
d = {}
for i in range(100):
    ins = ''.join(random.sample(s,2))
    d[ins] = _____
for j in sorted(_____):
    print(j,end='')
    print(f'重复出现 {d[j]}次')
```

参考答案：

d.setdefault(ins,0) + 1
d.keys()

知识点解析： 本题可使学生掌握字符串的连接方法 join()。字符串对象的 join()方法用来将列表中多个字符串进行连接，并在相邻两个字符串之间插入指定字符，返回新字符串。

2. 程序设计

(1) 编写程序，从键盘输入一段英文句子，删除该句子中所有重复的单词并按字母顺序排序后输出。代码如下。

```
s = input("请输入一个字符串:")
words = [word for word in s.split()]
print(' '.join(sorted(list(set(words)))))
```

知识点解析： 本题可使学生掌握序列之间的转换、利用集合进行去重和字符串的连接方法。

(2) 字符串循环左移：给定一个字符串 s，要求把 s 的前 k 个字符移动到 s 的尾部，如将字符串"abcdef"前面的两个字符'a'、'b'移动到字符串的尾部，得到新字符串"cdefab"，称作字符串循环左移 k 位。输入格式：在第 1 行中给出一个非空字符串；第 2 行给出非负整数 n。输出格式：在一行中输出循环左移 n 次后的字符串。代码如下。

```
s = input("请输入一个字符串:")
n = int(input("请输入左移位数:"))
t = s[0:n]
x = s[n:len(s)] + t
print(x)
```

知识点解析：本题可使学生掌握字符串的切片。字符串切片与列表切片的方法一致。

(3) 最后一个单词：计算字符串最后一个单词的长度，单词以空格隔开。输入格式：一行字符串，非空。输出格式：整数 n，最后一个单词的长度。代码如下。

```
s = input("请输入一个字符串:")
x = s.split(" ")
n = x[len(x)-1]
print(len(n))
```

知识点解析：本题可使学生掌握字符串的分隔方法 split()。字符串对象的 split()方法通过指定分隔符对字符串进行从左端将其分隔成多个字符串，并返回包含分隔结果的列表。如果不指定分隔符，则字符串中的任何空白符号(包括空格、换行符、制表符等)都将被认为是分隔符，返回包含最终分隔结果的列表。

(4) 恺撒密码解密：首先接收用户输入的加密文本，然后对字母 a～z 和字母 A～Z 按照密码算法进行反向转换，同时输出(加密的密码算法：将信息中的每一个英文字符循环替换为字母表序列中该字符后面的第三个字符，即原文字符 A 将被替换为 D、原文字符 B 将被替换为 E、原文字符 C 将被替换为 F，以此类推。本题要求根据此密码算法实现反向转换，如用户输入密文 Wklv lv dq hafhoohqw Sbwkrq errn.，程序输出 This is an excellent Python book.。代码如下。

```
s = input("请输入密文:")
for p in s:
    if "a" <= p <= "z":
        print(chr(ord("a")+(ord(p)-ord("a")-3) % 26), end="")
    elif "A" <= p <= "Z":
        print(chr(ord("A")+(ord(p)-ord("A")-3) % 26), end="")
    else:
        print(p, end="")
```

知识点解析：本题可使学生熟练掌握字符串的遍历及字符的转换函数 ord()和 chr()函数。chr()函数用于将 ASCII 码转换成对应的字符，ord()函数用于将字符转换成 ASCII 码。

(5) 假设有一段英文，其将字母"I"误写为了"i"，请编写程序进行纠正。代码如下。

方法一：不使用正则表达式

```
s = "i am a teacher,i am man, and i am 38 years old."
s = s.replace('i ','I ')
s = s.replace(' i ',' I ')
print(s)
```

方法二：使用正则表达式

```
import re
s = "i am a teacher,i am man, and i am 38 years old."
pattern = re.compile(r'(?:[^\w]|\b)i(?:[^\w])')
while True:
    result = pattern.search(s)
    if result:
        if result.start(0) != 0:
            s = s[:result.start(0)+1]+'I'+s[result.end(0)-1:]
        else:
            s = s[:result.start(0)]+'I'+s[result.end(0)-1:]
    else:
        break
print(s)
```

知识点解析：本题可使学生掌握字符串的替换方法，熟练掌握正则表达式的使用及正则表达式分组。

(6) 编写程序，使用正则表达式校验用户输入的密码为 6~20 位数字、英文字母或下画线，且不只包含数字的密码。代码如下。

```
import re
password = input("请输入密码:")
pattern = re.compile(r'^(?!\d+$)[\dA-Za-z_]{6,20}')
result = pattern.match(password)
if result:
    print("你输入的密码符合要求")
else:
    print("你输入的密码不符合要求")
```

知识点解析：本题可使学生熟练掌握利用正则表达式解决实际问题。

(7) 有一段英文文本，其中有些单词连续重复了两次，编写程序将重复的单词去掉。

代码如下。

```
import re
s = "I am am a student."
pattern = re.compile(r'\b(\w+)(\s+\1){1,}\b')
res = pattern.search(s)
x = pattern.sub(res.group(1),s)
print(x)
```

知识点解析：本题可使学生熟练掌握正则表达式元字符、正则表达式相关方法，以及分组匹配的方法。

四、实验练习

1. 编写程序，从键盘输入一段英文，统计其中有多少个不同的单词，并按照单词出现的次数降序输出。请将程序补充完整，实现其功能，并上机调试程序，以测试其正确性。

```
import re
s = input("请输入一段英文:")
x = re.findall(_____,s)
d = {}
for i in x:
    d[i] = _____
for k,v in sorted(d.items(),reverse=True,key=_____):
    print(k,v)
```

2. 编写程序，统计输入的字符串中单词的个数，单词之间用空格隔开。运行结果示例如下。

请输入一个字符串:This is an excellent Python book.
单词总数:6

3. 编写程序，从键盘输入一个字符串，将字符串中下标为偶数位置上的字母转换成大写字母，其他位置的字符不变。运行结果示例如下。

请输入一个字符串:thisisanexcellentPythonbook.
转换后的结果是:ThIsIsAnExCeLlEnTPYtHoNbOoK.

4. 编写程序，从键盘输入一个字符串，将字符串中每个字符转换成ASCII码，存入一个列表并输出。运行结果示例如下。

请输入一个字符串:Python
ASCII 列表:[80,121,116,104,111,110]

5. 编写程序，模拟字符串中的常用内置函数。

实验七 面向对象程序设计

一、实验目的和要求

(1) 了解面向对象程序设计的思想。

(2) 了解对象、类、封装、继承、方法、构造方法和析构方法等面向对象程序设计的基本概念。

(3) 掌握如何声明类。

(4) 掌握静态变量、静态方法和类方法的使用。

(5) 掌握类的继承和多态。

二、实验环境

- Windows 10 操作系统。
- Python 运行环境。

三、实验内容

1. 程序填空

(1) 下面的程序定义了一个交通工具(Vehicle)的类,该类中的属性有速度(speed)、体积(size)等;方法有移动(move(s))、设置速度(setSpeed(speed))、加速 speedUp()、减速 speedDown()等。最后定义了一个测试函数,该函数实例化一个交通工具对象,通过调用方法给它初始化 speed、size 的值,并且输出结果;调用加速、减速的方法对速度进行改变;调用 move()方法输出移动距离。请将程序补充完整。

```
class Vehicle():
    def _____(self,speed,size):
        self.__speed = speed
        self.size = size
    def move(self,s):
        print("移动了%s"%s)
    def setSpeed(self,_____):
        if str(speed).isdigit():
            self.__speed = speed
        else:
            print("请输入正确速度")
    def speedUp(self):
        self.__speed += 10
```

```
                print("当前速度",self.__speed)
            def speedDown(self):
                self.__speed -= 10
                print("当前速度",self.__speed)
        def test():
            v = Vehicle(30,15)
            v.move(20)
            v.setSpeed(50)
            v.speedUp()
            v.speedUp()
            v.speedDown()
        if __name__ == "__main__":
            test()
```

参考答案:

__init__

speed

知识点解析: 本题可使学生掌握类的定义、初始化方法、创建对象、调用方法、私有属性的调用。定义类的一般格式如下。

class 类名(父类名):
    类体

创建对象的语法格式如下。

对象名 = 类名(参数列表)

创建对象后，要访问实例对象的属性和方法，可以通过"."运算符来连接对象名和属性或方法。其一般格式如下。

对象名.属性名
对象名.方法名(参数列表)

可以通过"对象名.__类名__私有属性名"的方式直接访问私有属性，或者通过类中的方法访问私有属性。

(2) 下面的程序定义一个 Hero 类。属性有 power、name，分别代表体力值和英雄的名字，体力值默认为 100。方法有：go()表示行走的方法，如果体力值为 0，则输出不能行走，此英雄已死亡的信息; eat(int n)表示吃的方法，参数是补充的血量，将 n 的值加到属性 power 中，power 的值最大为 100; hurt()表示受伤的方法，每受到一次伤害，体力值-10，体力值最小不能小于 0。请将程序补充完整。

```
class Hero():
    def _____(self,name):
```

```
            self.__name = name
            self.__power = 100
        def go(self):
            if _____:
                print("不能行走，此英雄已死亡")
            else:
                print("英雄前进")
        def eat(self,n):
            self.__power += n
            if _____:
                self.__power = 100
            print("当前体力值：",self.__power)
        def hurt(self):
            self.__power -= 10
            if self.__power<=0:
                self.__power = 0
                print("此英雄死亡")
            print("当前体力值：",self.__power)
    if __name__ == "__main__":
        h = _____
        h.go()
        for i in range(10):
            h.hurt()
        h.eat(120)
```

参考答案：

__init__

self.__power<=0

self.__power>100

Hero("英雄一号")

知识点解析：本题可使学生掌握类的定义、初始化方法、实例方法，掌握私有属性的访问，熟练掌握如何创建对象。

2. 程序设计

(1) 定义一个类，包括 getString()和 printString()两个方法，其中，getString()方法的功能是获取从键盘输入的字符串，printString()方法的功能是将获取到的字符串大写输出。代码如下。

```
class InputOutputString():
    def __init__(self):
        self.s = ''
    def getString(self):
```

```
            self.s = input("请输入一个字符串:")
        def printString(self):
            print(self.s.upper())
if __name__ == "__main__":
    obj = InputOutputString()
    obj.getString()
    obj.printString()
```

知识点解析：本题可使学生掌握如何自己创建实例方法，掌握如何调用实例方法。

(2) 编写程序，定义一个人类(Person)，该类中有姓名(name)和年龄(age)两个私有属性。定义构造方法，用来初始化数据成员，再定义显示(display)方法，将姓名和年龄输出。在测试方法中创建人类的实例，然后将信息显示。代码如下。

```
class Person():
    def __init__(self, name, age):
        self.__name = name
        self.__age = age
    def display(self):
        print("姓名：%s,年龄%d" % (self.__name, self.__age))
def test():
    p = Person("李宏宇", 18)
    p.display()
if __name__ == "__main__":
    test()
```

知识点解析：本题可使学生熟练掌握如何访问类中的私有属性。

(3) 将上题改成重写__str__()方法输出姓名和年龄，无须定义 display()方法。代码如下。

```
class Person():
    def __init__(self, name, age):
        self.__name = name
        self.__age = age
    def __str__(self):
        return "姓名：%s,年龄%d" % (self.__name, self.__age)
def test():
    p = Person("李宏宇", 18)
    print(p)
if __name__ == "__main__":
    test()
```

知识点解析：本题可使学生掌握特殊方法__str__()。当使用 print 输出对象时，默认打印对象的内存地址，如果类中定义了__str__()方法，那么就会打印从__str__()方法中 return 返回的数据。

(4) 定义一个名为 Vehicles(交通工具)的基类,该类中应包含 str 类型的成员属性 brand(商标)和 color(颜色),还包含成员方法 run()和 showInfo(),调用 run()方法时在控制台显示"我已经开动了",调用 showInfo()方法时在控制台显示商标和颜色,并编写构造方法初始化其成员属性。

编写 Car(小汽车)类继承于 Vehicles 类,增加 int 型成员属性 seats(座位),增加成员方法 showCar(),调用该方法时在控制台显示小汽车的信息,并编写构造方法。编写 Truck(卡车)类继承于 Vehicles 类,增加 float 型成员属性 load(载重),增加成员方法 showTruck(),调用该方法时在控制台显示卡车的信息,并编写构造方法。代码如下。

```python
class Vehicles():
    def __init__(self,brand,color):
        self.__brand = brand
        self.__color = color
    def run(self):
        print("我已经开动了")
    def showInfo(self):
        print(self.__brand,self.__color)
class Car(Vehicles):
    def __init__(self,brand,color,seats):
        super().__init__(brand,color)
        self.__seats = seats
    def showCar(self):
        self.showInfo()
        print(self.__seats)
class Truck(Vehicles):
    def __init__(self,brand,color,load):
        super().__init__(brand,color)
        self.__load = load
    def showTruck(self):
        self.showInfo()
        print(self.__load)
c = Car("五菱宏光","白色",5)
c.run()
c.showCar()
t = Truck("福田","蓝色",6.66)
t.run()
t.showTruck()
```

知识点解析:本题可使学生掌握类的继承,以及在子类中如何调用父类的同名方法。子类的形式如下。

```
class 子类名(父类 1[,父类 2,…]):
    类体
```

如果需要在子类中调用父类中的同名方法，可以采用如下格式。

```
super(子类类名,self).方法名(参数)
父类名.方法名(self,参数)
```

(5) 编写程序，自定义一个类，模拟队列结构，实现入队、出队、队列为空、判断队列是否满等功能。代码如下。

```
class Queue:
    def __init__(self,size=20):
        self._content = []
        self._size = size
        self._current = 0
    def put(self,k):
        if self._current < self._size:
            self._content.append(k)
            self._current = self._current + 1
        else:
            return '队列已满'
    def get(self):
        if self._content:
            self._current = self._current - 1
            return self._content.pop(0)
        else:
            return '队列为空'
    def show(self):
        if self._content:
            print(self._content)
        else:
            print('队列为空')
    def empty(self):
        self._content = []
        self._current = 0
    def is_empty(self):
        return not self._content
    def is_full(self):
        return self._current==self._size
if __name__ == "__main__":
    q = Queue()
    if not q.is_full():
        q.put(1)
```

```
            q.put(2)
            q.put(3)
        q.show()
        if not q.is_empty():
            print(q.get())
```

知识点解析：本题可使学生掌握综合运用类来解决实际问题。

(6) 编写一个人类(Person)，该类具有 name(姓名)、age(年龄)、sex(性别)等属性。Person 类的继承得到一个学生类(Student)，该类能够存放学生 5 门课的成绩，并能求出平均成绩。在测试函数中对 Student 类的功能进行验证。代码如下。

```
class Person():
    def __init__(self,name,age,sex):
        self.__name = name
        self.__age = age
        self.__sex = sex
    def get_name(self):
        return self.__name
    def get_age(self):
        return self.__age
    def get_sex(self):
        return self.__sex
class Student(Person):
    def __init__(self,name,age,sex,*mylist):
        super().__init__(name,age,sex)
        self.__mylist = mylist
    def myavg(self):
        sum = 0
        for i in self.__mylist:
            sum+=i
        return sum/len(self.__mylist)
    def __str__(self):
        return self.get_name()+'--'+str(self.get_age())+\
        '--'+self.get_sex()+'--'+str(self.myavg())
if __name__ == "__main__":
    s = Student("李源",20,"男",88,79,77,86,83)
    print(s)
```

知识点解析：本题可使学生熟练掌握定义类、子类、类的初始化、继承、私有属性等方法。

四、实验练习

1. 下面的程序输出对象的两个属性值。请将程序补充完整，实现其功能，并上机调试程序，以测试其正确性。

   class Test:
   　　def _____:
   　　　　self.name = '李源'
   　　　　self.age = 20
   _____
   print(t.name,t.age)

2. 下面的程序通过类的方法计算两个数的和。请将程序补充完整，实现其功能，并上机调试程序，以测试其正确性。

   class Test:
   　　_____
   　　def _____:
   　　　　return a+b
   t = Test()
   print(t.mul(3,4),Test.mul(5,6))

3. 编写程序，定义一个交通工具(Vehicle)类，包含 brand(品牌)、type(型号)两个成员变量；定义构造方法，在其中通过默认参数方式设置品牌；定义析构方法，在其中将交通工具对象的品牌和型号清空；定义一个成员方法，在其中输出当前交通工具对象的品牌和型号；定义一个类方法，在其中更新交通工具类的品牌和型号。

   创建一个交通工具对象，设置其品牌为 hongqi，型号为 H6，通过对象调用其成员方法，输出其品牌和型号，销毁对象；设置所有交通工具对象的品牌为"大众"，通过类方法，更新品牌为"红旗"。

4. 编写程序，定义一个密码类 Cipher 和子类 SubCipher。Cipher 类中包含 length(密码长度)和 chars(密码字符集，默认为小写字母)两个成员变量和 get_cipher()成员方法，功能是根据密码长度和密码字符集随机生成一个密码；子类 SubCipher 包含 set_length()和 set_chars()两个方法，set_length()功能是设置密码长度，set_chars()的功能是设置密码字符集。创建示例对象按照默认设置生成一个密码，然后通过修改密码长度和密码字符集再生成一个密码。运行结果示例如下。

   　　使用默认设置生成的密码:bzckw
   　　重新设置之后的密码:8xz69wy

实验八 文件

一、实验目的和要求

(1) 了解文件的基本概念。
(2) 掌握文件的读写方法。
(3) 掌握使用文件读写对象的基本方法。
(4) 掌握 CSV 文件的读写方法。

二、实验环境

- Windows 10 操作系统。
- Python 运行环境。

三、实验内容

1. 程序填空

(1) 下面程序的功能是打开 D 盘的 test.txt 文件，统计该文件中每一段的字符个数，并输出，段落之间以两个回车键分隔。请将程序补充完整。

```
import os
f = open(r"d:\test.txt",____)
paper = (f.read()).split('\n\n')
_____
d = {}
num = 1
for i in paper:
    d[num] = len(i)
    num = num + 1
for key,value in d.items():
    print("第%s 自然段：共有%d 个字\n"%(key,value))
```

参考答案：

```
'r'
f.close()
```

知识点解析：本题可使学生掌握文件的打开、读写、关闭等操作。Python 内置函数 open()

用来指定模式打开文件并创建文件对象，其语法如下。

f = open(file, mode='r', buffering=None, encoding=None, errors=None, newline=None, closefd=True)

读取文件最简单的方法是使用 read()方法，该方法有一个参数，格式如下。

f.read(size)　　# f 为文件对象

关闭文件可以使用文件对象的 close()方法实现。close()方法的语法格式如下。

f.close()

f 为打开的文件对象。

(2) 下面的程序是读取并显示文本文件的前 5 个字符。请将程序补充完整。

```
f=open( 'sample.txt',_____)
s=f._____
f.close( )
print('s=',s)
print('字符串 s 的长度(字符个数)=', len(s))
```

参考答案：

'r'
read(5)

知识点解析：本题可使学生掌握 read()方法，该方法可根据参数选择所需读取的数据大小。

(3) 下面的程序读取并显示文本文件所有行。请将程序补充完整。

```
f=open('test.txt', 'r')
while True:
    line=f._____
        if line=='':
            _____
        Print(line)
f.close()
```

参考答案：

readline()
Break

知识点解析：本题可使学生掌握文件按行读取的方法。readline()方法可以一次读取文件中的一行内容，readlines()方法则是读取所有行，返回所有行组成的列表。

2. 程序设计

(1) 编写程序，用户输入当前目录下任意文件名，程序完成对该文件的备份功能(备份文件名为xx[备份]后缀，如 test[备份].txt)。代码如下。

```
import os
old_name = input("请输入文件名:")
new_name = ''
if os.path.exists(old_name):
    x = old_name.split('.')
    new_name = x[0]+'[备份].'+x[1]
if new_name!='':
    old_f = open(old_name, 'rb')
    new_f = open(new_name, 'wb')
    while True:
        con = old_f.read(1024)
        if len(con) == 0:
            break
        new_f.write(con)
    old_f.close()
    new_f.close()
else:
    print('文件不存在')
```

知识点解析：本题可使学生掌握 os 模块中相关的文件夹和目录的操作方法。os.path.exists(path)，用于判断目录或文件是否存在，如果存在则返回 True，否则返回 False。

(2) 编写程序，将文件 file1 从中间分割为两个文件，将 file1 的前半部分内容写入 file2，后半部分内容写入 file3。代码如下。

```
f1 = open("file1.txt","r")
f2 = open("file2.txt","w+")
f3 = open("file3.txt","w+")
i = 0
while(f1.readline()!=""):
    i = i + 1
f1.seek(0)
j = 0
s = f1.readline()
while(s!=""):
    j+=1
    if j<=i//2:
        f2.writelines(s)
    else:
```

```
        f3.writelines(s)
    s = f1.readline()
f1.close()
f2.close()
f3.close()
```

知识点解析：本题可使学生掌握文件的写方法。

(3) 文件 test.txt 中保存了 5 个学生的课程成绩，如下所示。

```
学号,姓名,语文,数学,英语
10001,安邦,89,99,100
10002,安福,92,93,94
10003,安国,69,78,70
10004,安宁,88,89,96
10005,安然,68,90,82
```

从文件中读取成绩，计算每个学生的总分，按总分从高到低的顺序输出(各字段对齐)。代码如下。

```
f=open('test.txt',encoding='utf-8')
d=[]
t=next(f)
for b in f:
    b=b.split(',')
    b[2]=int(b[2])
    b[3]=int(b[3])
    b[4]=int(b[4])
    b.append(sum(b[2:]))
    d.append(b)
d.sort(key=lambda x:x[5],reverse=True)
n=1
print('名次\t 学号\t 姓名\t 语文\t 数学\t 外语\t 总分')
for a in d:
    print(n,a[0],a[1],a[2],a[3],a[4],a[5])
    n+=1
f.close()
```

知识点解析：本题可使学生掌握文件的打开、按行读取、对文件进行格式化操作。

(4) 上题中计算每个学生的课程平均成绩，将学号、姓名和平均成绩以列表的形式写入文件 test1.txt 中，读取 test1.txt 中的列表，将其按平均成绩排序输出。代码如下。

```
import pickle
f=open('test.txt',encoding='utf-8')
d=[]
```

```
t=next(f)
for b in f:
    b=b.split(',')
    b[2]=int(b[2])
    b[3]=int(b[3])
    b[4]=int(b[4])
    b.append(round(sum(b[2:])/3,1))
    del b[2:-1]
    d.append(b)
f=open('test1.txt','wb')
pickle.dump(d,f)
f.close()
print('数据已存入文件:test1.txt')
f=open('test1.txt','rb')
ds=pickle.load(f)
f.close()
d.sort(key=lambda x:x[2],reverse=True)
n=1
print('%-4s%-5s%s %s'%('名次','学号','姓名','平均分'))
for a in d:
    print(n,'\t',a[0],'\t',a[1],'\t',a[2])
    n+=1
```

知识点解析：本题可使学生掌握 pickle 模块的用法。pickle 提供了一个简单的持久化功能，它以二进制的形式序列化后保存到文件中，序列化的方法为 dump()方法，其语法格式如下。

pickle.dump(obj,file,protocol = None)

pickle 模块中的反序列化通过 load()方法实现，其语法格式如下。

pickle.load(file)

四、实验练习

1. 下面程序的功能是从键盘输入一些学生信息，包括学号、姓名和性别，利用 pickle 方式存入 student.txt 文件中，然后再将所有人的信息读出来，按照学号从小到大的顺序显示。请将程序补充完整，实现其功能，并上机调试程序，以测试其正确性。

```
import pickle
n = 0
with open("student.txt","wb") as f:
    while True:
```

```
            no = int(input("请输入学号:"))
            if no<0:
                _____
            name = input("请输入姓名:")
            sex = input("请输入性别:")
            print('-----------------')
            record = (no,name,sex)
            pickle._____
            n=n+1
result = []
with open("student.txt","rb") as f:
    while n!=0:
        record = _____
        result.append(record)
        n=n-1
result.sort(key=lambda x:x[0])
print('-----------------')
print("学号  姓名  性别")
for i in result:
    print(i[0],i[1],[2])
```

2. 编写程序，从键盘输入唐诗宋词或元曲，将其存入文本文件，然后从文件中将其读取并输出。运行结果示例如下。

请输入一首诗：悯农二首·其二　锄禾日当午　汗滴禾下土　谁知盘中餐　粒粒皆辛苦

文件的输出结果如下。

悯农二首·其二
锄禾日当午
汗滴禾下土
谁知盘中餐
粒粒皆辛苦

3. 文件中保存了若干个数：67,78,28,34,98,56,82,26,15,39,76,34，从文件中读取这些数，使用冒泡法完成排序，输出排序后的数据。运行结果示例如下。

排序之前:67, 78, 28, 34, 98, 56, 82, 26, 15, 39, 76, 34
排序之后:15, 26, 28, 34, 34, 39, 56, 67, 76, 78, 82, 98

4. 职工数据表如表 1-1 所示。

表 1-1 职工数据表

工号	姓名	性别	职位
0001	张三	男	教师
0002	里斯	女	辅导员
0003	王五	女	教师
0004	吴用	男	辅导员

编写程序，完成以下任务。

(1) 选择适当的 python 对象(列表、字典)存储上述数据，将对象写入文件；从文件中读取对象，从键盘输入工号进行查询。运行结果示例如下。

请输入工号：0002
工号　姓名　性别　职位
0002　里斯　女　辅导员

(2) 使用普通文件读写方法将数据以 CSV 格式写入文本文件，然后从文件中读取数据，将数据按工号的排序输出；使用 csv 模块方法将数据以 CSV 格式写入文本文件，然后从文件中读取数据，将数据按姓名排序输出。运行结果示例如下。

工号　姓名　性别　职位
0002　里斯　女　辅导员
0003　王五　女　教师
0004　吴用　男　辅导员
0001　张三　男　教师

5. 编写程序，将压缩存储的稀疏矩阵还原成稀疏矩阵并输出。稀疏矩阵是指矩阵中非零元素的个数远远小于矩阵元素的总数，并且非零元素的分布没有规律。压缩存储在存储时只保存非 0 元素，用三元组表的形式存储，分别存储行、列、值。在文件 test.txt 中存储的三元组表的第一行为矩阵的行列数，其他行的数据为矩阵中元素的行号、列号及非零元素值。

文件 test.txt 的内容如下。

5,6
1,4,37
2,1,89
3,5,26
4,2,44
5,5,18

运行结果示例如下。

0	0	0	37	0	0
89	0	0	0	0	0
0	0	0	0	26	0
0	55	0	0	0	0
0	0	0	0	18	0

6. 编写程序，读取一个 Python 源程序文件，将文件中的注释去掉，生成后的文件能被 Python 解释器正确执行。

实验九　模块

一、实验目的和要求

(1) 了解模块、包的概念。

(2) 掌握 random、datetime、os、sys 等模块的使用方法。

(3) 学会自定义模块。

(4) 了解常用第三方库。

二、实验环境

- Windows 10 操作系统。
- Python 运行环境。

三、实验内容

1. 程序填空

(1) 下面的程序是利用 datetime 模块计算三天前的时间和三天后的时间，以及计算两个小时前的时间和两个小时后的时间。请将程序补充完整。

```
from datetime import _____
from datetime import datetime
from datetime import timedelta
d = date.today()
delta = timedelta(days=_____)
print(d+delta)
print(d-delta)
now_hour = datetime.now()
delta = timedelta(hours=2)
print(now_hour-delta)
print(now_hour+delta)
```

参考答案：

date
3

知识点解析：本题可使学生掌握 datetime 模块的用法。

(2) 下面的程序是模拟生成双色球号码,红球号码从 1～34 中任选 6 个,按从小到大顺序排序且不能重复,蓝球号码从 1～16 中任选一个,号码只有一位的数字前面补 0。请将程序补充完整。

```
import random
def random_select():
    red_balls = [x for x in range(1,34)]
    selected_balls = random.sample(red_balls,6)
    selected_balls._____
    selected_balls.append(random._____(1,16))
    return selected_balls
if __name__ == "__main__":
    for i in random_select():
        print(str(i).zfill(2),end=' ')
```

参考答案:

sort()

randint

知识点解析: 本题可使学生掌握 random 模块的用法。

2. 程序设计

(1) 编写程序,利用 sys 模块模拟创建进度条操作。代码如下。

```
import sys
import time
for i in range(20):
    sys.stdout.write('\r')
    sys.stdout.write(' %s%%     %s' % ((int(i/20*100)),int(i/20*100)*'*'))
    sys.stdout.flush()
    time.sleep(1)
```

知识点解析: 本题可使学生掌握综合应用 sys、time 模块解决实际问题。

(2) 编写程序,打开"共同奏响和平团结进步的时代乐章.txt"文件,利用 jieba 模块和 wordcloud 模块对文章进行词云展示。代码如下。

```
import jieba
import wordcloud
f = open("d:\\共同奏响和平团结进步的时代乐章.txt", "r", encoding="utf-8")
t = f.read()
f.close()
ls = jieba.lcut(t)
```

```
txt = " ".join(ls)
w = wordcloud.WordCloud(
    width=1000, height=700,
    background_color="white",
    font_path="msyh.ttc",max_words = 50
)
w.generate(txt)
w.to_file("grwordcloud.png")
```

词云结果如图 1-2 所示。

图 1-2　词云结果

知识点解析：本题可使学生掌握应用 jieba 模块和 wordcloud 模块解决实际问题。其中 jieba.lcut(s)作用是精确分词模式，对文本 s 进行分词，返回一个列表；wordcloud.WordCloud() 通过参数可以设置词云的形状、尺寸和颜色等属性。

四、实验练习

1. 下面的程序是随机生成 4 位验证码字符的程序，验证码字符包括数字和大小写字母字符。请将程序补充完整，实现其功能，并上机调试程序，以测试其正确性。

```
import random
def verif_code():
    code = _____
    i = 4
    while i>0:
        verif_type = random.sample(["num", "alpha"], 1)
        if verif_type[0] == "num":
```

```
                num = str(_____)
                code.append(num)
            else:
                alpha = chr(random.randint(65, 90))
                if random.randint(0, 1) == 0:
                    alpha = alpha.lower()
                code.append(alpha)
            i -= 1
    return code
verification = verif_code()
verification = "".join(verification)
print(verification)
```

2. 编写程序，随机生成 20 个 100 以内正整数的四则运算表达式，要求减法运算的结果不小于 0，除法运算的结果为整数。运行结果示例如下。

63 - 16
35 / 7
19 + 58
24 + 37
13 * 72
……

3. 编写程序，将当前日期和时间格式化输出。运行结果示例如下。

2022 年 02 月 21 日 16:35:24PM

4. 编写程序，生成一个简易日历。运行结果示例如下。

请输入年份:2022
请输入月份:2
     February 2022
Mo Tu We Th Fr Sa Su
    1 2 3 4 5 6
 7 8 9 10 11 12 13
14 15 16 17 18 19 20
21 22 23 24 25 26 27
28

5. 编写程序，分析小说《三国演义》，使用 jieba 库的关键词提取功能，输出出场数排名前十的人物姓名。运行结果示例如下。

曹操：1434
孔明：1373
刘备：1224
关羽：779

张飞：348
吕布：299
孙权：264
赵云：255
司马懿：221
周瑜：218

6. 编写程序，使用《三国演义》的高频词语生成词云图。运行结果示例如图 1-3 所示。

图 1-3　运行结果示例

实验十 数据库访问

一、实验目的和要求

(1) 掌握 python 的若干种数据库连接方式。
(2) 掌握数据库连接步骤。
(3) 掌握常用数据库连接及访问的常用函数。

二、实验环境

- Windows 10 操作系统。
- Python 运行环境。

三、实验内容

1. 程序填空

下面的程序利用 Python 连接 MySQL 数据库，创建一个图书表 books，并对该表进行增、删、改、查操作。请将程序补充完整。

```
import pymysql
db = pymysql.connect("localhost","root","root","book_db")
cursor = db._____
cursor.execute("drop table if exists books")
sql = """
create table books(
id int(8) not null auto_increment,
name varchar(40) not null,
category varchar(30) not null,
price decimal(6,2) default null,
publish_time date default null,
primary key(id)
)charset=utf8;
"""
cursor.execute(sql)
data = [
    ("Python 程序设计","Python","49.9","2022-2-23"),
    ("Go 语言开发实战","Go","69.9","2021-9-12"),
    ("笨办法学 Python 3","Python","59","2019-9-5"),
```

```
        ("操作系统","操作系统","108","2020-12-17")
]
cursor._____('insert into books(name,category,price,'
                    'publish_time) values (%s,%s,%s,%s)',data)
db.commit()
cursor.execute("select * from books")
result = cursor.fetchall()
print(result)
book_id = int(input("请输入要修改的图书编号:"))
book_name = input("请输入修改后的书名:")
cursor.execute("update books set category=? where id=?",(book_name,book_id))
book_id = int(input("请输入要删除的图书编号:"))
cursor.execute("delete from user where id = ?",(book_id,))
db.commit()
db._____
```

参考答案:

cursor()
executemany
close()

知识点解析:本题可使学生掌握 Python 与数据库的连接、创建表、查询、插入数据、删除数据、修改数据的方法。

四、实验练习

1. 编写一个"学生信息管理系统",实现对学生信息的管理。要求如下:

(1) 学生信息存储在数据库 MySQL 数据库中。

(2) 数据库中只包含一张学生信息表 student_info,该表中至少包括以下字段:学号 sno,姓名 sname,性别 sex,身份证号 id。

(3) 程序运行后,可以动态地从系统中查询、添加、修改和删除学生信息。

(4) 采用面向对象程序设计方法。

2. 编写一个程序模拟某网站的会员管理系统。要求如下:

(1) 会员管理系统存储在数据库中,任选 SQLite 或 MySQL 数据库。

(2) 数据库中包含会员表 Member,包括如下字段:会员号 mno,会员名 mname,性别 sex,手机号 phone,会员有效期 date。

(3) 可以对会员进行管理,包括添加、修改、删除、查询等功能。

(4) 采用面向对象程序设计方法。

运行结果示例如下。

```
------------------------------------------------
              会员管理系统
------------------------------------------------
1.添加会员            2.修改会员
3.删除会员            4.查询会员
------------------------------------------------
请输入数字序号选择相应功能
------------------------------------------------
```

第二部分 课程设计

项目一 职工信息管理系统

一、问题描述

该系统可以帮助管理员方便地对职工信息进行添加、删除、修改及查询等操作，还可以对相关数据进行排序，并且可以将数据保存到磁盘中。

二、需求分析

职工信息管理系统应具备以下功能。

(1) 添加职工信息，职工信息包括编号、姓名、性别、出生年月、学历、职务、电话、住址等。

(2) 将职工信息保存到文件中。

(3) 修改和删除职工信息。

(4) 按不同关键字对所有职工的信息进行排序。

(5) 按特定条件查找职工。

三、功能模块

职工信息管理系统功能模块如图 2-1 所示。

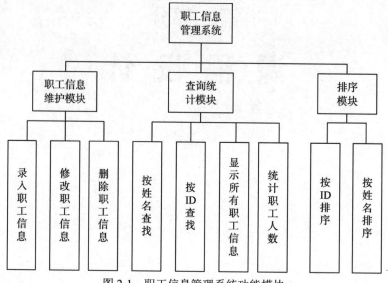

图 2-1 职工信息管理系统功能模块

四、业务流程

业务流程如图 2-2 所示。

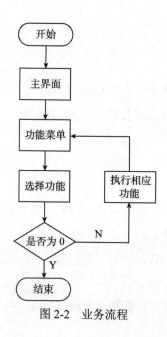

图 2-2 业务流程

五、各功能概述

1. 主函数模块

职工信息管理系统的主函数 main() 主要用于实现系统的主界面。主函数 main() 主要是调用 menu()函数生成功能菜单，并应用 if 语句控制各个子函数的调用，从而实现对职工信息的录入、删除、修改、查询、显示、保存、排序和统计等功能。

2. 职工信息维护模块

职工信息管理系统的职工信息维护模块用于维护职工的信息，主要包括录入职工信息、修改职工信息和删除职工信息。职工信息会被保存到磁盘文件。用户在主界面输入相应的数字选择"录入职工信息"菜单项，即可进入录入职工信息界面。在这里可以批量录入职工信息，并保存到磁盘文件中。

用户在主界面输入相应的数字后，选择"删除职工信息"菜单项，即可进入删除职工信息界面。在这里可以根据职工 ID 从磁盘文件中删除指定的职工信息。

用户在主界面输入相应的数字后，选择"修改职工信息"菜单项，即可进入修改职工信息界面。在这里可以根据职工 ID 修改指定的职工信息。

3. 查询/统计模块

在职工信息管理系统中，查询/统计模块用于查询和统计职工信息，主要包括根据职工 ID 或姓名查找职工信息、统计职工总人数和显示所有职工信息。

用户在主界面中输入相应的数字后，选择"查找职工信息"菜单项，即可进入查找职工信息界面。在这里可以根据职工 ID 或姓名查找职工信息。

用户在主界面中输入相应的数字后，选择"统计职工总人数"菜单项，即可进入统计职工总人数界面。在这里可以统计并显示一共有多少名职工。

用户在主界面中输入相应的数字后，选择"显示所有职工信息"菜单项，即可进入显示所有信息界面。在这里可以显示全部职工信息。

4. 排序模块

在职工信息管理系统中，排序模块用于对职工信息进行排序，主要包括按 ID 或姓名升序或降序排序。用户在主界面中输入相应的数字后，选择"排序"菜单项，即可进入排序界面。在这里，系统先按录入顺序显示职工信息(不排序)，然后要求用户选择排序方式，再根据选择的方式进行排序显示。

六、详细代码

代码如下。

```
import re
import os

filename = r'worker.txt'
```

```python
class Worker():
    def menu(self):
        print('''
                        ————职工信息管理系统————
                |============ 功能菜单 ============|
                |    1    录入职工信息             |
                |    2    查找职工信息             |
                |    3    删除职工信息             |
                |    4    修改职工信息             |
                |    5    排序                    |
                |    6    统计职工总人数           |
                |    7    显示所有职工信息         |
                |    0    退出系统                 |
                |================================|
                |    说明: 通过数字选择菜单        |

            ''')
    # 主函数
    def main(self):
        # 输出菜单
        while True:
            self.menu()
            option = input("请选择: ")  # 选择菜单项
            option_str = re.sub("\D", "", option)  # 提取数字
            if option_str in ['0', '1', '2', '3', '4', '5', '6', '7']:
                option_int = int(option_str)
                if option_int == 0:    # 退出系统
                    print('您已退出职工信息管理系统！')
                    exit()
                elif option_int == 1:  # 录入职工信息
                    self.insert()
                elif option_int == 2:  # 查找职工信息
                    self.search()
                elif option_int == 3:  # 删除职工信息
                    self.delete()
                elif option_int == 4:  # 修改职工信息
                    self.modify()
                elif option_int == 5:  # 排序
                    self.sort()
                elif option_int == 6:  # 统计职工总人数
                    self.total()
                elif option_int == 7:  # 显示所有职工人数
                    self.show()

    # 将职工信息保存到文件中
```

```python
    def save(self,worker):
        try:
            workers_txt = open(filename, "a", encoding='utf8')
        except Exception as e:
            workers_txt = open(filename, "w", encoding='utf8')
        for info in worker:
            workers_txt.write(str(info) + "\n")    # 按行存储，添加换行符
        workers_txt.close()    # 关闭文件

    # 插入
    def insert(self):
        worker_list = []    # 保存职工信息的列表
        mark = True    # 是否继续添加
        while mark:
            id = input("请输入ID(如 1001): ")
            if not id:    # ID 为空，跳出循环
                break
            name = input("请输入名字: ")
            if not name:    # 名字为空，跳出循环
                break
            try:
                sex = input("请输入性别: ")
                age = int(input("请输入年龄: "))
                education = input("请输入学历: ")
                job = input("请输入职务: ")
                tel = input("请输入电话: ")
                addr = input("请输入地址: ")

            except:
                print("输入无效，不是整型数值……重新录入信息")
                continue
            # 将输入的职工信息保存到字典
            worker = {"id": id, "name": name, "sex": sex, "age": age,
                      "education": education, "job": job,"tel": tel, "addr": addr}
            worker_list.append(worker)    # 将职工字典添加到列表中
            input_mark = input("是否继续添加? (y/n) : ")
            if input_mark == "y":    # 继续添加
                mark = True
            else:    # 不继续添加
                mark = False
        self.save(worker_list)    # 将学生信息保存到文件
        print("职工信息录入完毕!!! ")

    # 删除
    def delete(self):
        mark = True    # 标记是否循环
```

```python
        while mark:
            worker_id = input("请输入要删除的职工 ID: ")
            if worker_id is not "":    # 判断是否输入了要删除的职工
                if os.path.exists(filename):    # 判断文件是否存在
                    with open(filename, 'r', encoding='utf8') as rfile:
                        worker_old = rfile.readlines()    # 读取全部内容
                else:
                    worker_old = []
                if_del = False    # 标记是否删除
                if worker_old:    # 如果存在职工信息
                    with open(filename, 'w', encoding='utf8') as wfile:
                        d = {}    # 定义空字典
                        for list in worker_old:
                            d = dict(eval(list))    # 字符串转字典
                            if d['id'] != worker_id:
                                wfile.write(str(d) + "\n")
                            else:
                                if_del = True    # 标记已经删除
                    if if_del:
                        print("ID 为%s 的职工信息已经被删除……" % worker_id)
                    else:    # 不存在职工信息
                        print("没有找到 ID 为%s 的职工信息……" % worker_id)
                else:
                    print("无职工信息……")
                    break    # 退出循环
                self.show()    # 显示全部职工信息
                input_mark = input("是否继续删除? (y/n) : ")
                if input_mark == "y":
                    mark = True    # 继续删除
                else:
                    mark = False    # 退出删除职工信息的功能

    # 修改
    def modify(self):
        self.show()    # 显示全部职工信息
        if os.path.exists(filename):    # 判断文件是否存在
            with open(filename, 'r', encoding='utf8') as rfile:
                worker_old = rfile.readlines()    # 读取全部内容
        else:
            return
        worker_id = input("请输入要修改的职工 ID: ")
        with open(filename, 'w', encoding='utf8') as wfile:
            for worker in worker_old:
                d = dict(eval(worker))    # 字符串转字典
                if d["id"] == worker_id:    # 是否为要修改的职工
                    print("找到了这名职工，可以修改他的信息! ")
```

```python
            while True:    # 输入要修改的信息
                try:
                    d["name"] = input("请输入姓名: ")
                    d["sex"] = input("请输入性别: ")
                    d["age"] = int(input("请输入年龄: "))
                    d["education"] = input("请输入学历: ")
                    d["job"] = input("请输入职务: ")
                    d["tel"] = input("请输入电话: ")
                    d["addr"] = input("请输入地址: ")
                except:
                    print("您的输入有误，请重新输入。")
                else:
                    break    # 跳出循环
            worker = str(d)    # 将字典转换为字符串
            wfile.write(worker + "\n")    # 将修改的信息写入文件
            print("修改成功! ")
        else:
            wfile.write(worker)    # 将未修改的信息写入文件
    mark = input("是否继续修改其他职工信息? (y/n): ")
    if mark == "y":
        self.modify()    # 重新执行该操作

# 查找
def search(self):
    mark = True
    worker_query = []    # 保存查询结果的职工列表
    while mark:
        id = ""
        name = ""
        if os.path.exists(filename):    # 判断文件是否存在
            mode = input("按 ID 查输入 1; 按名字查输入 2: ")
            if mode == "1":    # 按职工 ID 查询
                id = input("请输入职工 ID: ")
            elif mode == "2":    # 按职工姓名查询
                name = input("请输入职工姓名: ")
            else:
                print("您的输入有误，请重新输入! ")
                self.search()    # 重新查询
            with open(filename, 'r', encoding='utf8') as file:
                worker = file.readlines()    # 读取全部内容
                for list in worker:
                    d = dict(eval(list))    # 字符串转字典
                    if id is not "":    # 判断是否按 ID 查询
                        if d['id'] == id:
                            worker_query.append(d)
                    elif name is not "":    # 判断是否按姓名查询
```

```python
                        if d['name'] == name:
                            worker_query.append(d)
                    self.show_worker(worker_query)  # 显示查询结果
                    worker_query.clear()  # 清空列表
                    input_mark = input("是否继续查询? (y/n) : ")
                    if input_mark == "y":
                        mark = True
                    else:
                        mark = False
            else:
                print("暂未保存数据信息……")
                return

    # 将保存在列表中的职工信息显示出来
    def show_worker(self,worker_list):
        if not worker_list:  # 如果没有要显示的数据
            print("无数据信息\n")
            return
        # 定义标题显示格式
        format_title = "{:^6}{:^12}\t{:^10}\t{:^10}\t{:^10}" \
                       "\t{:^10}\t{:^10}\t{:^10}"
        print(format_title.format("ID", "姓名", "性别", "年龄",
                                  "学历", "职务", "电话", "地址"))
        # 定义具体内容显示格式
        format_data = "{:^6}{:^12}\t{:^12}\t{:^10}\t{:^10}" \
                      "\t{:^10}\t{:^10}\t{:^10}"
        for info in worker_list:  # 通过 for 循环将列表中的数据全部显示出来
            print(format_data.format(info.get("id"), info.get("name"),
                                     info.get("sex"), str(info.get("age")),
                                     info.get("education"), info.get("job"),
                                     info.get("tel"), info.get("addr")))

    # 统计职工总人数
    def total(self):
        if os.path.exists(filename):
            with open(filename, 'r', encoding='utf8') as rfile:
                worker_old = rfile.readlines()
                if worker_old:
                    print("一共有%d 名职工! " % len(worker_old))
                else:
                    print("还没有录入职工信息! ")
        else:
            print("暂未保存数据信息……")

    # 显示所有职工信息
    def show(self):
```

```python
            worker_new = []
            if os.path.exists(filename):
                with open(filename, 'r', encoding='utf8') as rfile:
                    worker_old = rfile.readlines()
                    for list in worker_old:
                        worker_new.append(eval(list))
                    if worker_new:
                        self.show_worker(worker_new)
            else:
                print("暂未保存数据信息……")

    # 排序
    def sort(self):
        self.show()    # 显示全部职工信息
        if os.path.exists(filename):    # 判断文件是否存在
            with open(filename, 'r', encoding='utf8') as file:
                worker_old = file.readlines()    # 读取全部内容
                worker_new = []
                for list in worker_old:
                    d = dict(eval(list))    # 字符串转字典
                    worker_new.append(d)    # 将转换后的字典添加到列表中
        else:
            return
        asc_or_desc = input("请选择(0 升序; 1 降序): ")
        if asc_or_desc == "0":    # 按升序排序
            flag = False
        elif asc_or_desc == "1":    # 按降序排序
            flag = True
        else:
            print("您的输入有误，请重新输入! ")
            self.sort()
        mode = input("请选择排序方式(1 按 ID 排序; 2 按姓名排序; 3 按年龄排序): ")
        if mode == "1":    # 按 ID 排序
            worker_new.sort(key=lambda x: x["id"], reverse=flag)
        elif mode == "2":    # 按姓名排序
            worker_new.sort(key=lambda x: x["name"], reverse=flag)
        elif mode == "3":    # 按年龄排序
            worker_new.sort(key=lambda x: x["age"], reverse=flag)
        else:
            print("您的输入有误，请重新输入! ")
            self.sort()
        self.show_worker(worker_new)    # 显示排序结果


if __name__ == '__main__':
    Worker().main()
```

项目二　实验室设备管理系统

一、问题描述

该系统可以帮助实验室管理员方便地对设备信息进行添加、修改及查询等操作，并且可以将数据保存到磁盘中。

二、需求分析

实验室管理系统应具备以下功能。

(1) 添加设备。设备信息包括设备编号、设备种类(如微机、打印机、扫描仪等)、设备名称、设备价格、设备购入日期、是否报废和报废日期等。

(2) 将设备信息保存到文件中。

(3) 修改设备信息。

(4) 按特定条件对设备进行查询。

(5) 对设备进行分类统计。

(6) 对设备进行报废处理。

三、功能模块

实验室设备管理系统功能模块如图 2-3 所示。

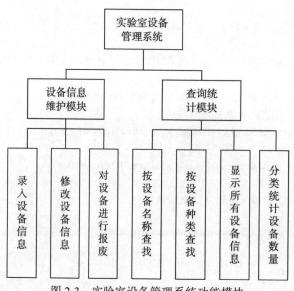

图 2-3　实验室设备管理系统功能模块

项目三 图书管理系统

一、问题描述

图书管理系统用来帮助管理员对图书进行管理，实现图书的入库、借阅、归还图书、查询图书库存等操作，并将数据保存到磁盘中。

二、需求分析

图书管理系统应具备以下功能。

(1) 图书管理系统应包含图书信息及借阅信息两个文件，其中图书信息包括书号、书名、出版社、作者、价格和库存，可以对图书进行入库操作；借阅信息包括学号、书号、借阅日期和借阅时长。

(2) 借阅功能。输入学号和书号，判断图书库存是否充足，如果借阅成功，则修改图书信息和借阅信息文件中相关的内容。

(3) 还书功能。通过修改图书信息和借阅信息进行还书操作。

(4) 按特定的条件进行图书查询。

(5) 按特定条件查询学生的借阅信息。

(6) 统计某学生的借书量。

三、功能模块

图书管理系统功能模块如图2-4所示。

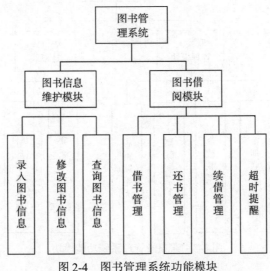

图2-4 图书管理系统功能模块

项目四　通讯录管理系统

一、问题描述

通讯录管理系统用来对电话联系人进行管理，包括添加联系人、删除联系人、修改联系人、查询联系人、对联系人进行分组管理、统计联系人等操作，并将数据保存到磁盘中。

二、需求分析

通讯录管理系统应具备以下功能。
(1) 添加联系人信息，联系人信息包括姓名、单位、电话号码、分类等。
(2) 按照特定条件查找联系人(如按姓名查找、按单位查找)。
(3) 按照特定条件修改联系人信息。
(4) 删除联系人。
(5) 查看某个分组的联系人信息。
(6) 统计通讯录某个分组人数或所有联系人人数。

三、功能模块

通讯录管理系统功能模块如图 2-5 所示。

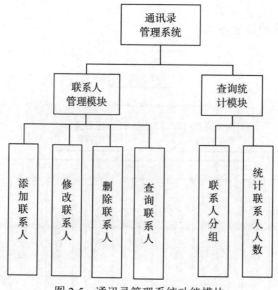

图 2-5　通讯录管理系统功能模块

项目五 学生选修课管理系统

一、问题描述

学生选修课管理系统用来对课程及学生选课进行管理，包括课程信息录入、查询、修改及学生选课等操作，并将数据保存到磁盘中。

二、需求分析

学生选修课管理系统包含管理员登录和学生登录两个界面。

管理员界面功能如下。

(1) 录入课程信息，课程信息包括课程编号、课程名称、课程性质(公共课、必修课、选修课)、总学时、学分、开课学期、授课老师等。

(2) 按照特定条件查询课程信息(如按学分查询、按开课学期查询、按课程性质查询)。

(3) 存取公共课程信息。

学生界面功能如下。

(1) 浏览课程信息。

(2) 学生选修选课。

(3) 查看选课结果

三、功能模块

学生选修课管理系统功能模块如图 2-6 所示。

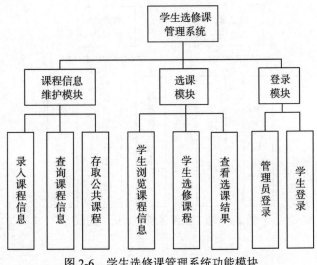

图 2-6 学生选修课管理系统功能模块

项目六 职工工作量统计系统

一、问题描述

职工工作量统计系统用来对职工每日工作量进行统计,按照每日、每月或每年进行综合排名,评选出劳动模范,并将数据保存到磁盘中。

二、需求分析

职工工作量统计系统应包含以下功能。

(1) 系统包含职工信息和工作量统计两个文件,其中职工信息包括职工号、姓名、所在部门等,工作量统计信息包括职工号、工作量和日期等。

(2) 可以录入职工信息和工作量信息。

(3) 可以按条件查询工作量。

(4) 按照日期对工作量进行统计。

(5) 按照工作量多少进行排序,评选出月度之星和年度劳模。

三、功能模块

职工工作量统计系统功能模块如图 2-7 所示。

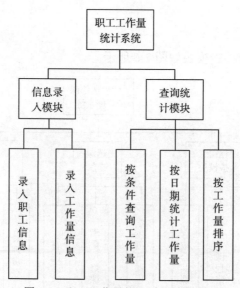

图 2-7 职工工作量统计系统功能模块

项目七 宿舍管理系统

一、问题描述

宿舍管理系统用于宿舍管理员对宿舍成员进行管理，可以方便地对整栋楼每间宿舍成员进行添加、删除、修改、查询等操作，并将数据保存到磁盘中。

二、需求分析

宿舍管理系统应包含以下功能。

(1) 给宿舍添加成员信息，成员信息包括姓名、班级、学号、宿舍号等。
(2) 将信息保存到文件。
(3) 按照指定条件查询宿舍及成员信息。
(4) 查询有空位置的宿舍信息。
(5) 修改、删除宿舍成员。

三、功能模块

宿舍管理系统功能模块如图 2-8 所示。

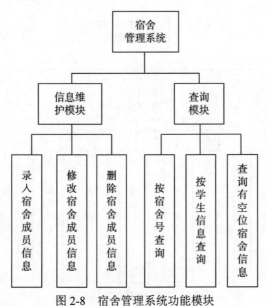

图 2-8 宿舍管理系统功能模块

项目八 超市管理系统

一、问题描述

超市管理系统方便超市管理员对商品库存进行管理，实现收银、顾客购买商品及营收统计等功能，并将数据保存到磁盘中。

二、需求分析

超市管理系统应包含以下功能。

(1) 登录功能。登录系统才可以使用其他功能。

(2) 商品库存管理。商品信息包括编号、商品名称、生产日期、进价、售价、进货日期、库存、销量等，可以按照特定条件对商品进行查询。

(3) 收银台功能。根据商品编号和购买数量进行销售记录，并进行收款和找零。

(4) 销售统计功能。对收银台记录的流水进行分类统计。

三、功能模块

超市管理系统功能模块如图 2-9 所示。

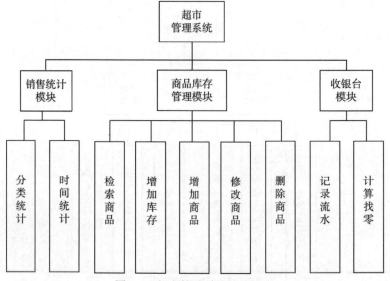

图 2-9 超市管理系统功能模块

项目九 停车场管理系统

一、问题描述

停车场管理系统用于实现停车场的现代化管理、记录车辆信息、动态分配车位、停车费用结算、查看停车场车位的使用状况等功能,并将数据保存到磁盘中。

二、需求分析

停车场管理系统应包含以下功能。

(1) 月卡用户登记,包括车牌号、车主姓名、电话号码、开始日期、结束日期等。

(2) 车辆信息入库记录,包括车牌号、到达时间等。

(3) 自动结算停车费用:月卡用户免费,临时用户每小时停车费×(离开时间−到达时间)。

(4) 查看停车场的使用状况:有无空余车位。

三、功能模块

停车场管理系统功能模块如图 2-10 所示。

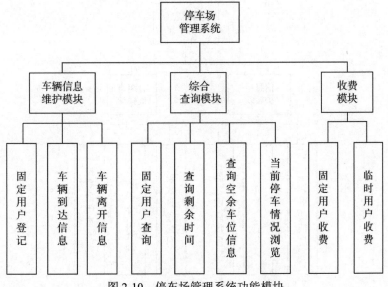

图 2-10 停车场管理系统功能模块

项目十 歌曲信息管理系统

一、问题描述

歌曲信息管理系统用于方便管理员对歌曲进行添加、删除、修改、查询等操作，并将数据保存到磁盘中。

二、需求分析

歌曲信息管理系统应包含以下功能。
(1) 歌曲信息包括歌曲名、歌曲类型、歌手名称、歌手性别、发行年月。
(2) 将信息保存到文件。
(3) 可以对歌曲信息进行录入、删除、浏览操作。
(4) 可以查询歌曲名、歌曲类型、歌手名称信息。
(5) 可以提供按歌手名称分组显示功能。

三、功能模块

歌曲信息管理系统功能模块如图 2-11 所示。

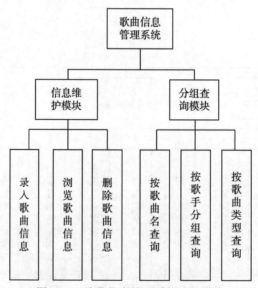

图 2-11 歌曲信息管理系统功能模块

项目十一 酒店管理系统

一、问题描述

酒店管理系统用于前台管理员对酒店房间进行管理,可以快速处理日常业务,实时查询各种入住信息,并将数据保存到磁盘上。

二、需求分析

酒店管理系统应包含客户和房间两个文件,功能如下。

(1) 对客户进行入住登记,包括姓名、身份证号、房间号、入住时间、消费金额、押金。

(2) 房间包括房间号及房间状态(如空、预订、入住)信息等,将信息保存到文件。

(3) 换房。

(4) 查询客房状态。

(5) 退房结账。

三、功能模块

酒店管理系统功能模块如图 2-12 所示。

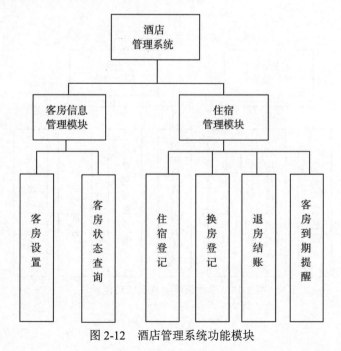

图 2-12 酒店管理系统功能模块

项目十二　学生成绩管理系统

一、问题描述

学生成绩管理系统提供全面的学生成绩管理功能，方便系统管理员对学生成绩等信息进行添加、删除、修改、查询、统计等操作，并将数据保存到磁盘中。

二、需求分析

学生成绩管理系统应包含以下功能。
(1) 信息录入，可以录入学生信息、学生成绩等。
(2) 按条件查询、修改成绩等。
(3) 成绩统计功能，对成绩进行排序。

三、功能模块

学生成绩管理系统功能模块如图 2-13 所示。

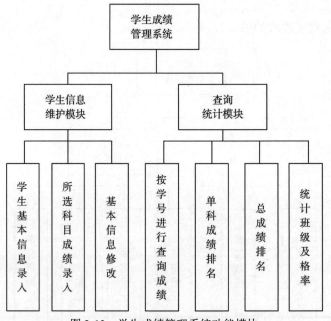

图 2-13　学生成绩管理系统功能模块

项目十三 航空订票管理系统

一、问题描述

航空订票管理系统提供了简易的航空客运订票功能,可以按客户提出的要求查询相应的航班信息,为客户办理订票手续等操作,并将数据保存到磁盘中。

二、需求分析

航空订票管理系统应包含以下功能。

(1) 航班录入。航班信息包括航班号、起点站名、终点站名、飞行日期、飞行时间、余票等。

(2) 按条件查询等。

(3) 用户登录模块。用户信息包括姓名、身份证号、电话号码等。

(4) 订票功能。根据客户给定的起点站、终点站、飞行日期,在余票充足的情况下办理订票手续。订票信息包括起点站、终点站、飞行日期、飞行时间、客户姓名、身份证号。

(5) 退票功能。

三、功能模块

航空订票管理系统功能模块如图 2-14 所示。

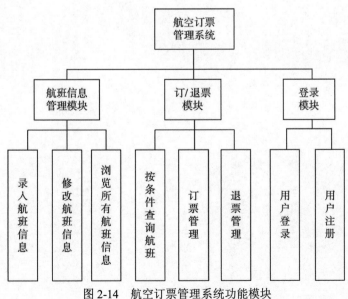

图 2-14 航空订票管理系统功能模块

第三部分

习 题 集

第1章 Python 概述

一、选择题

1. Python 语言属于(　　)。
   A. 机器语言　　B. 汇编语言　　C. 高级语言　　D. 以上都不是
2. 以下选项中，不是 Python 语言保留字的是(　　)。
   A. while　　　B. do　　　　　C. pass　　　　D. except
3. Python 解释器的提示符为(　　)。
   A. >　　　　　B. >>　　　　　C. #　　　　　　D. >>>
4. 关于 Python 语言的特点，以下选项中描述错误的是(　　)。
   A. Python 语言是脚本语言　　　　B. Python 语言是非开源语言
   C. Python 语言是跨平台语言　　　D. Python 语言是多模型语言
5. 关于 Python 程序格式框架，以下选项中描述错误的是(　　)。
   A. Python 语言不采用严格的"缩进"来表明程序的格式框架
   B. Python 单层缩进代码属于之前最邻近的一行非缩进代码，多层缩进代码根据缩进关系决定所属范围
   C. Python 语言的缩进可以采用 Tab 键实现
   D. 判断、循环、函数等语法形式能够通过缩进包含一批 Python 代码，进而表达对应语义

6. 关于 Python 语言的注释，以下选项中描述错误的是(　　)。
   A. Python 语言有单行注释和多行注释两种注释方式
   B. Python 语言的单行注释以#开头
   C. Python 语言的多行注释以'''(3 个单引号)开头和结尾
   D. Python 语言的单行注释以单引号(')开头

7. 关于 import 引用，以下选项中描述错误的是(　　)。
   A. 可以使用 from turtle import setup 引入 turtle 库
   B. 使用 import turtle as t 引入 turtle 库，取别名为 t
   C. 使用 import turtle 引入 turtle 库
   D. import 保留字用于导入模块或模块中的对象

8. 查看 Python 是否安装成功的命令是(　　)。
   A. Win + R   B. PyCharm   C. python3.X –v   D. exit()

9. 以下选项中，不是 Python IDE 的是(　　)。
   A. PyCharm   B. Jupyter Notebook   C. Spyder   D. R studio

10. 在 Python 解释器中交互式执行 Python 代码的过程一般称为(　　)。
    A. FIFO   B. REPL   C. IPO   D. REPT

二、填空题

1. Python 3.4 以后的版本中，_____库用于安装管理 Python 扩展包，_____库用于发布 Python 包。

2. Python 标准库 math 中用来计算平方根的函数是_____。

3. Python 程序文件扩展名主要有_____和_____两种，其中后者常用于 GUI 程序。

4. Python 源代码程序编译后的文件扩展名为_____。

5. 要关闭 Python 解释器，可以使用_____命令或_____快捷键。

6. 在 Python 内置集成开发环境 IDLE 中可以使用_____快捷键运行当前开源代码程序。

7. 在 Python 的 IDLE 交互模式中浏览上一条语句的快捷键是_____。

8. 高级编程语言根据执行机制不同可以分为静态语言和脚本语言两类。采用编译方式执行的语言属于_____，采用解释方式执行的语言属于_____，Python 程序设计语言属于_____。

9. 利用 pip 命令查看 pip 常用帮助信息的选项是_____。

10. 开发和运行 Python 程序一般包括_____和_____两种。

三、简答题

1. 简述 Python 语言的优缺点。
2. 简述 Python 的应用方向。
3. 在 Python 中常用导入模块中的对象有哪几种方式?
4. 解释 Python 脚本程序的 __name__ 变量及其作用。

第 2 章　Python 语法基础

一、选择题

1. 在 Python 语言中以下合法的标识符是(　　)。
   A. 3B9909　　　　B. class　　　　C. ___　　　　D. it's

2. 下列选项中不符合 Python 语言变量命名规则的是(　　)。
   A. TempStr　　　B. 3_1　　　　　C. I　　　　　D. _AI

3. 以下选项中，关于 Python 字符串的描述错误的是(　　)。
   A. Python 语言中，字符串是用一对双引号("")或一对单引号('')括起来的零个或多个字符
   B. 字符串包括正向递增和反向递减两种序号体系
   C. 字符串是字符的序列，可以按照单个字符或字符片段进行索引
   D. Python 字符串提供区间访问方式，采用[N:M]格式，表示字符串中从 N 到 M 的索引子字符串(包含 N 和 M)

4. 下列 Python 语句中，非法的是(　　)。
   A. x = (y = 1)　　B. x = y = 2　　C. x, y = y, x　　D. x = 1; y = 1

5. 以下 Python 注释代码，不正确的是(　　)。
   A. #Python 注释代码
   B. # Python 注释代码!#Python 注释代码 2
   C. "*"Python 文档注样""
   D. // Python 注释代码

6. 已知 x=2，y=3，复合赋值语句 x*=y+5 执行后，x 变量中的值是(　　)。
   A. 11　　　　　B. 13　　　　　C. 16　　　　　D. 26

7. 整型变量 x 中存放了一个两位数，若要将这个两位数的个位数和十位数交换位置，如 13 变成 31，则正确的 Python 表达式是(　　)。
   A. (x%10)*10+x//10
   B. (x%10)//10+x//10
   C. (x/10)%10+x//10
   D. (x%10)*10+x%10

8. 关系式'a'<nChar<'z'表示成正确的 Python 表达式为(　　)。
   A. 'a'<=nChar && nChar <='z'
   B. 'a'<=nChar and nChar <='z'
   C. 'a'<=nChar & nChnr <='z'
   D. nChar>='a' or nChar <='z'

9. 关于赋值语句，以下选项中描述错误的是(   )。

   A. a,b,c = b,c,a 是不合法的

   B. a,b = b,a 可以实现 a 和 b 值的互换

   C. 赋值与二元操作符可以组合，如&=

   D. 在 Python 语言中，"="表示赋值，即将"="右侧的计算结果赋值给左侧变量，包含"="的语句称为赋值语句

10. 下面代码的输出结果是(   )。

    ```
    >>>x=10
    >>>y=3
    >>>print(divmod(x,y))
    ```

    A. 3,1　　　　　　B. 1,3　　　　　　C. (1,3)　　　　　　D. (3,1)

11. 下列选项中可以获取 Python 整数类型帮助的是(   )。

    A. >>> help(float)　　　　　　B. >>> dir(str)

    C. >>> dir(int)　　　　　　　D. >>> help(int)

12. Python 为源文件指定系统默认字符编码的声明是(   )。

    A. #coding:cp936　　　　　　B. #coding:GB2312

    C. #coding:utf-8　　　　　　D. #coding:GBK

13. 下面代码的输出结果是(   )。

    ```
    >>>x = 12.34
    >>>print(type(x))
    ```

    A. <class 'float'>　　　　　　B. <class 'complex'>

    C. <class 'bool'>　　　　　　D. <class 'int'>

14. Python 语句 print(pow(2,10)) 的输出结果是(   )。

    A. 100　　　　　　B. 1024　　　　　　C. 12　　　　　　D. 20

15. 下面代码的输出结果是(   )。

    ```
    >>>x=0b1010
    >>>print(x)
    ```

    A. 1024　　　　　　B. 256　　　　　　C. 16　　　　　　D. 10

16. 关于 Python 的数字类型，以下选项中描述错误的是(   )。

    A. 复数类型虚部为 0 时，表示为 1+0j

    B. 1.0 是浮点数，不是整数

    C. 浮点数也有二进制、八进制、十进制和十六进制等表示方式

    D. 整数类型的数值一定不会出现小数点

17. 关于 Python 的复数类型，以下选项中描述错误的是(　　)。

    A. 复数类型表示数学中的复数

    B. 对于复数 z，可以用 z.imag 获得实数部分，用 z.real 获得虚数部分

    C. 复数的虚数部分通过后缀 "J" 或 "j" 来表示

    D. 复数的实部 a 和虚部 b 都是浮点型。

18. 下面代码的输出结果是(　　)。

    ```
    >>>a = 2
    >>>b = 2
    >>>c = 2.0
    >>>print(a == b, a is b, a is c)
    ```

    A. True False False　　　　　　　　B. True False True

    C. False False True　　　　　　　　D. True True False

19. 下列选项中输出结果是 True 的是(　　)。

    A. >>> isinstance(25,int)　　　　　B. >>> chr(13). isprintable()

    C. >>> "Python". isupper()　　　　 D. >>> chr(10). isnumqian()

20. 下面代码的输出结果是(　　)。

    ```
    >>>a = 20
    >>>b = a | 3
    >>> print(b ,end=",")
    >>> a &= 7
    >>>print(a)
    ```

    A. 6. 66667,4　　B. 4,6. 66667　　C. 4,23　　D. 23,4

二、填空题

1. Python 语句中使用_____格式划分语句块。

2. 在 Python 中，_____表示空类型。

3. 列表、元组、字符串是 Python 的_____序列。

4. 查看变量内存地址的 Python 内置函数是_____。

5. 以 3 为实部 4 为虚部的 Python 复数表达形式为_____或_____。

6. Python 运算符中用来计算集合并集的是_____。

7. 使用运算符测试集合包含集合 A 是否为集合 B 的真子集的表达式可以写作_____。

8. Python 的标准随机数生成器模块是_____。

9. _____命令既可以删除列表中的一个元素，也可以删除整个列表。

10. 表达式 int('123', 8)的值为_____。

11. Python 3.x 语句 print(1, 2, 3, sep=';')的输出结果为_____。

12. 表达式 0 and 1 or 2<True 的值为_____。

13. Python 内置函数_____可以返回列表、元组、字典、集合、字符串及 range 对象中元素个数。

14. 表达式 5<<2 的值为_____。

15. 表达式 chr(ord('h')-32)的值为_____。

16. 假设有 Python 程序文件 abc.py,其中只有一条语句 print(__name__),那么直接运行该程序时得到的结果为_____。

17. 表达式 type({3,5})的值为_____。

18. 判断整数 i 能否同时被 3 和 5 整除的 Python 表达式为_____。

19. 执行下列 Python 语句将产生的结果是_____。

   m=True;n = False;p = True
   b1 = m|n^p;b2 = n |m^p
   print(bl,b2)

20. 执行下列 Python 语句将产生的结果是_____。

   for i in range(10):
       print(chr(ord("a")+i),end=" ")

三、思考题

1. 写出 Python 中的几种注释方式。

2. Python 中 pass 语句的作用是什么?

3. Python 表达式遵循哪些主要的书写规则?

4. 假设有 i=10,写出下面表达式运算后 a 的值。

   (1) i += i   (2) i -= 2   (3) i *= 2 + 3
   (4) i /= 2+3   (5) i %= i – i % 4   (6) i //= i - 3

5. 当运行测试输入 1314 时,写出下面 Python 程序的运行结果。

   Num =   int(input("请输入一个整数:"))
   while (num != 0):
   print(num%10,end=" ")
   num = num // 10

6. 阅读下面的 Python 语句,请问程序运行结果是什么?程序的功能是什么?

   import random

```
a = random. randint(100,999) #随机产生一个3位整数
b=(a %10)* 100+(a//10% 10)*10+a// 100
print("原数=", a,",变换后=", b)
```

7. 阅读下面的 Python 语句，若输入的是 856，请问程序运行的结果是什么？程序的功能是什么？

```
aInt = int(input('请输入一个三位数:'))
a,b=divmod(aInt,100)
b,c= divmod(b,10)
print(a,b,c)
```

8. 下列 Python 语句的运行结果是什么？

```
print("数量{0},单价{1}". format(50,285. 5))
print(str. format("数量{0},单价{1:3. 2f}",50,285. 5))
print("数量%3d,单价%5. 2f" % (50,285. 5))
```

第3章 程序控制结构

一、选择题

1. 关于 Python 的分支结构，以下选项中描述错误的是(　　)。

    A. Python 中 if-elif-else 语句描述多分支结构

    B. 分支结构使用 if 保留字

    C. Python 中 if-else 语句用来形成二分支结构

    D. 分支结构可以向已经执行过的语句部分跳转

2. 实现多路分支的最佳控制结构是(　　)。

    A. if　　　　　　B. try　　　　　　C. if-elif-else　　　　　　D. if-else

3. 关于 Python 循环结构，以下选项中描述错误的是(　　)。

    A. continue 结束整个循环过程，不再判断循环的执行条件

    B. break 用来跳出最内层 for 或 while 循环，脱离该循环后程序从循环代码后继续执行

    C. 遍历循环中的遍历结构可以是字符串、文件、组合数据类型和 range() 函数等

    D. Python 通过 for、while 等保留字提供遍历循环和无限循环结构

4. 关于 Python 遍历循环，以下选项中描述错误的是(　　)。

    A. 遍历循环通过 for 实现

    B. 无限循环通过 while 保留字构建，无法实现遍历循环的功能

    C. 遍历循环可以理解为从遍历结构中逐一提取元素，放在循环变量中，对于所提取的每个元素只执行一次语句块

    D. 遍历循环中的遍历结构可以是字符串、文件、组合数据类型和 range() 函数等

5. 下面代码的输出结果是(　　)。

    ```
    for s in "HelloWorld":
        if s=="W":
            continue
        print(s,end="")
    ```

    A. Hello　　　　　　B. HelloWorld　　　　　　C. Helloorld　　　　　　D. World

6. 用来判断当前 Python 语句在分支结构中的是(　　)。

    A. 引号　　　　　　B. 冒号　　　　　　C. 大括号　　　　　　D. 缩进

7. 以下选项中描述正确的是( )。

    A. 条件 24<=28<25 是合法的，且输出为 False

    B. 条件 35<=45<75 是合法的，且输出为 False

    C. 条件 24<=28<25 是不合法的

    D. 条件 24<=28<25 是合法的，且输出为 True

8. 对于 while 保留字，以下选项中描述正确的是( )。

    A. while True: 构成死循环，程序要禁止使用

    B. 使用 while 必须提供循环次数

    C. 所有 while 循环功能都可以用 for 循环替代

    D. 使用 while 能够实现循环计数

9. 下面代码的输出结果是( )。

    ```
    for i in "Python":
        print(i,end=" ")
    ```

    A. P,y,t,h,o,n,   B. P y t h o n

    C. Python   D. p y t h o n

10. 给出如下代码：

    ```
    sum = 0
    for i in range(1,11):
        sum += i
        print(sum)
    ```

    以下选项中描述正确的是( )。

    A. 循环内语句块执行了 11 次

    B. sum += i 可以写为 sum + = i

    C. 输出的最后一个数字是 55

    D. 如果 print(sum)语句完全左对齐，则输出结果不变

11. random 库中用于生成随机小数的函数是( )。

    A. random()   B. randrange()

    C. randint()   D. getrandbits()

12. 给出如下代码：

    ```
    import random
    num = random. randint(1,10)
    while True:
        guess = input()
        i = int(guess)
    ```

```
if i == num:
    print("你猜对了")
    break
elif i < num:
    print("小了")
elif i > num:
    print("大了")
```

以下选项中描述错误的是(　　)。

　　A. random.randint(1,10)生成[1,10]之间的整数

　　B. "import random" 这行代码是可以省略的

　　C. 这段代码实现了简单的猜数字游戏

　　D. "while True:" 创建了一个永远执行的 While 循环

13. 给出下面代码：

```
k=10000
while k>1:
    print(k)
    k=k/2
```

上述程序的运行次数是(　　)。

　　A. 13　　　　B. 1000　　　　C. 15　　　　D. 14

14. 下面代码的输出结果是(　　)。

```
for i in range(1,6):
    if i%3 == 0:
        break
    else:
        print(i,end =",")
```

　　A. 1,2,3,　　B. 1,2,3,4,5,6　　C. 1,2,　　D. 1,2,3,4,5,

15. 下面代码的输出结果是(　　)。

```
sum = 0
for i in range(2,101):
    if i % 2 == 0:
        sum += i
    else:
        sum -= i
print(sum)
```

　　A. -50　　　　B. 51　　　　C. 50　　　　D. 49

16. 下面代码的输出结果是( )。

    ```
    for n in range(100,200):
        i = n // 100
        j = n // 10 % 10
        k = n % 10
        if n == i ** 3 + j ** 3 + k ** 3:
            print(n)
    ```

    A. 159　　　　B. 157　　　　C. 152　　　　D. 153

17. 下面代码的输出结果是( )。

    ```
    a = 2.0
    b = 1.0
    s = 0
    for n in range(1,4):
        s += a / b
        t = a
        a = a + b
        b = t
    print(round(s,2))
    ```

    A. 5.17　　　　B. 8.39　　　　C. 3.5　　　　D. 6.77

18. 下面代码的输出结果是( )。

    ```
    for i in ["pop star"]:
        pass
    print(i,end = "")
    ```

    A. 无输出　　　B. pop star　　　C. 出错　　　D. popstar

19. 下面代码的输出结果是( )。

    ```
    a = [1,2,3]
    if isinstance(a,float):
        print("{} is float". format(a))
    else:
        print("{} is not float". format(a))
    ```

    A. a is float
    B. a is <class ' float t'>
    C. [1, 2, 3] is not float
    D. 出错

20. 给出下面代码：

    ```
    a = input(""). split(",")
    if isinstance(a,list):
        print("{} is list". format(a))
    else:
        print("{} is not list". format(a))
    ```

代码执行时，从键盘获得 1,2,3，则代码的输出结果是(　　)。

    A. 执行代码出错　　　　　　B. 1,2,3 is not list

    C. ['1', '2', '3'] is list　　　　　D. 1,2,3 is list

二、填空题

1. Python 中用于表示逻辑与、逻辑或、逻辑非运算的关键字分别是_____、_____、_____。

2. 关键字_____用于测试一个对象是否是一个可迭代对象的元素。

3. Python 3.x 语句 for i in range(3):print(i, end=',')的输出结果为_____。

4. 对于带有 else 子句的 for 循环和 while 循环，当循环因循环条件不成立而自然结束时_____(会？不会？)执行 else 中的代码。

5. 在循环语句中，_____语句的作用是提前结束本层循环，_____语句的作用是提前进入下一次循环。

6. 表达式 5 if 5>6 else (6 if 3>2 else 5)的值为_____。

7. Python 关键字 elif 表示_____和_____两个单词的缩写。

8. 在 Python 无穷循环 while True:的循环体中，可以使用_____语句退出循环。

9. 要使语句 for i in range(____,- 4, -2)循环执行 15 次，则循环变量 i 的初值应当为_____。

10. 使用 if 统计"成绩 score 大于 80 分或不及格的学生"的人数的语句是_____。

三、思考题

1. 下面的程序计算 1+3+5…+101，请在画线处添加适当的代码将程序补充完整。

```
    ___[1]___
for n ___[2]___
    s+=n
print('1+3+5…+101=', 5)
```

2. 下面的程序输出斐波那契数列的前 n 项，请在画线处添加适当的代码将程序补充完整。

```
n=int(input('请输入 n：')
a=b-1
print(1,1,end='
for x    [1]
    print('',a+b,end='')
    ___[2]___
```

3. 已知 e=1+$\frac{1}{1!}$+$\frac{1}{2!}$+$\frac{1}{3!}$+…+$\frac{1}{n!}$+…，下面的程序根据该公式计算 c 的近似值，请在画线处添加适当的代码将程序补充完整。

```
n=int(input('请输入 n:)
    ___[1]___
x=1
for 1 in range(1,n+1):
    ___[2]___
    s+=1/x
print('e=', s)
```

4. 从键盘输入任意偶数，并将之分解成两个素数之和。

5. 编写程序，实现分段函数税费计算，如表 3-1 所示。

表 3-1 分段函数税费计算

x	y
x<3000	0
3000<=x<5000	3%
5000<=x<10000	10%
x>=10000	20%

第 4 章 序列

一、选择题

1. 关于 Python 组合数据类型，以下选项中描述错误的是(   )。
   A. Python 组合数据类型能够将多个同类型或不同类型的数据组织起来，通过单一的表示使数据操作更有序、更容易
   B. 序列类型是二维元素向量，元素之间存在先后关系，通过序号访问
   C. 组合数据类型可以分为序列类型、集合类型和映射类型 3 类
   D. Python 的 str、tuple 和 list 类型都属于序列类型

2. 以下选项中，不是具体的 Python 序列类型的是(   )。
   A. 元组类型   B. 数组类型
   C. 字符串类型   D. 列表类型

3. 关于 Python 的列表，以下选项中描述错误的是(   )。
   A. Python 列表是一个可以修改数据项的序列类型
   B. Python 列表的长度不可变
   C. Python 列表用中括号[]表示
   D. Python 列表是包含 0 个或多个对象引用的有序序列

4. 关于 Python 的元组类型，以下选项中描述错误的是(   )。
   A. 元组中元素必须是相同类型
   B. 元组一旦创建就不能被修改
   C. Python 中元组采用逗号和圆括号(可选)表示
   D. 一个元组可以作为另一个元组的元素，可以采用多级索引获取信息

5. 以下选项中不能生成一个空字典的是(   )。
   A. dict()   B. dict([])   C. {}   D. {[]}

6. 关于 Python 序列类型的通用操作符和函数，以下选项中描述错误的是(   )。
   A. 如果 s 是一个序列，x 是 s 的元素，x in s 返回 True
   B. 如果 s 是一个序列，s =[1,"k",True]，s[3]返回 True
   C. 如果 s 是一个序列，s =[1,"kate",True]，s[−1]返回 True
   D. 如果 s 是一个序列，x 不是 s 的元素，x not in s 返回 True

7. 对于序列 s，能够返回序列 s 中第 i 到 j 以 k 为步长的元素子序列的表达是(   )。
   A. s[i, j, k]   B. s(i, j, k)   C. s[i; j; k]   D. s[i:j+1:k]

8. 元组变量 t=("cat", "dog", "tiger", "monkey")，t[::–1]的结果是(　　)。

　　A. {' monkey ', 'tiger', 'dog', 'cat'}

　　B. [' monkey ', 'tiger', 'dog', 'cat']

　　C. (' monkey ', 'tiger', 'dog', 'cat')

　　D. 运行出错

9. 给定字典 d，以下选项中对 x in d 的描述正确的是(　　)。

　　A. 判断 x 是否是在字典 d 中以键或值方式存在

　　B. 判断 x 是否是字典 d 中的值

　　C. x 是一个二元元组，判断 x 是否是字典 d 中的键值对

　　D. 判断 x 是否是字典 d 中的键

10. 给定字典 d，以下选项中对 d.items()的描述正确的是(　　)。

　　A. 返回一个集合类型，每个元素是一个二元元组，包括字典 d 中所有键值对

　　B. 返回一个列表类型，每个元素是一个二元元组，包括字典 d 中所有键值对

　　C. 返回一个元组类型，每个元素是一个二元元组，包括字典 d 中所有键值对

　　D. 返回一种 dict_items 类型，包括字典 d 中所有键值对

11. 下面代码的输出结果是(　　)。

```
>>> s = set()
>>> type(s)
```

　　A. <class 'tuple'>　　　　　　　　B. <class 'list'>

　　C. <class 'dict'>　　　　　　　　D. <class 'set'>

12. 下面代码的输出结果是(　　)。

```
vlist = list(range(8))
print(vlist)
```

　　A. [0, 1, 2, 3, 4,5,6,7]　　　　　　B. 0,1,2,3,4,5,6,7

　　C. 0 1 2 3 4 5 6 7　　　　　　　　D. 0;1;2;3;4;5;6;7

13. 下面代码的输出结果是(　　)。

```
s =["red","gold","brown","pink" ,"purple","blue"]
print(s[1:4:2])
```

　　A. ['gold', 'pink', 'brown', 'purple', 'tomato']

　　B. ['gold', 'pink']

　　C. ['gold', 'brown']

　　D. ['gold', 'pink', 'brown']

14. s = list("四是四，十是十，十四是十四，四十是四十，谁能说准四十、十四、四十四，谁来试一试，谁说十四是四十，就打谁十四，谁说四十是十四，就打谁四十。")
   以下选项中能输出字符"十"出现次数和第一次出现的索引位置的是(   )。

   A. print(s. count("十"));print(s. index("十"))

   B. print(s. count("十"));print(s. index("十",4))

   C. print(s. count("十"));print(s. index("十"),6)

   D. print(s. count("十"));print(s. index("十"),8,len(s))

15. 关于 Python 字典，以下选项中描述错误的是(   )。

   A. Python 字典是包含 0 个或多个键值对的集合，没有长度限制，可以根据"键"索引"值"的内容

   B. 如果想保持一个集合中元素的顺序，可以使用字典类型

   C. Python 通过字典实现映射

   D. 字典中对某个键值的修改可以通过中括号[]的访问和赋值实现

16. 给出如下代码：

   MonthandFlower={"1 月":"梅花","2 月":"杏花","3 月":"桃花","4 月":"牡丹花",\
   "5 月":"石榴花","6 月":"莲花","7 月":"玉簪花","8 月":"桂花","9 月":"菊花",\
   "10 月":"芙蓉花","11 月":"山茶花","12 月":"水仙花"}
   n = input("请输入 1—12 的月份:")
   print(n + "月份之代表花： " + MonthandFlower. get(str(n)+"月"))

   以下选项中描述正确的是(   )。

   A. MonthandFlower 是一个集合

   B. MonthandFlower 是一个元组

   C. 代码实现从键盘获取一个整数(1~12)来表示月份，输出该月份对应的代表花名

   D. MonthandFlower 是一个列表

17. 下面代码的输出结果是(   )。

   list1 = []
   for i in range(1,11):
       list1. append(i**2)
   print(list1)

   A. [1, 4, 9, 16, 25, 36, 49, 64, 81, 100]

   B. [2, 4, 6, 8, 10, 12, 14, 16, 18, 20]

   C. 错误

   D. ----Python:----A Superlanguage

18. 下面代码的输出结果是(　　)。

    list1 = [i*2 for i in 'Python']
    print(list1)

    A. 错误
    B. [2, 4, 6, 8, 10, 12]
    C. Python Python
    D. ['PP', 'yy', 'tt', 'hh', 'oo', 'nn']

19. 下面代码的输出结果是(　　)。

    list1 = [m+n for m in 'AB' for n in 'CD']
    print(list1)

    A. ABCD
    B. AABBCCDD
    C. ['AC', 'AD', 'BC', 'BD']
    D. 错误

20. 下面代码的输出结果是(　　)。

    d = {'a':1,'b':2,'c':3};
    print(d['c'])

    A. {'c':3}   B. 3   C. 2   D. 1

21. 下面代码的输出结果是(　　)。

    str1 = "k:1|k1:2|k2:3|k3:4"
    str_list = str1. split('|')
    d = {}
    for l in str_list:
        key,value=l. split(':')
        d[key]=value
    print(d)

    A. ['k':'1', 'k1':'2', 'k2':'3','k3':'4']
    B. [k:1,k1:2,k2:3,k3:4]
    C. {k:1,k1:2,k2:3,k3:4}
    D. {'k': '1', 'k1': '2', 'k2': '3', 'k3': '4'}

22. 将以下代码保存成 Python 文件，运行后输出的是(　　)。

    li = ['zhao','qian','sun']
    s = "_". join(li)
    print(s)

    A. zhao_qian_sun
    B. _zhao_qian_sun

C. zhao_qian_sun_

D. _zhao_qian_sun_

23. 下面代码的输出结果是(   )。

```
a = []
for i in range(2,10):
    count = 0
    for x in range(2,i-1):
        if i % x == 0:
            count += 1
    if count == 0:
        a.append(i)
print(a)
```

A. [3 ,5 ,7 ,9]   B. [2 ,4 ,6 ,8]

C. [4, 6 ,8 ,9 ,10]   D. [2, 3, 5, 7]

24. 下面代码的输出结果是(   )。

```
i = ['a','b','c']
l = [1,2,3]
b = dict(zip(i,l))
print(b)
```

A. 报出异常   B. {'a': 1, 'b': 2, 'c': 3}

C. 不确定   D. {1: 'a', 2: 'd', 3: 'c'}

25. 下面代码的输出结果是(   )。

```
a = [1, 2, 3]
for i in a[::-1]:
    print(i,end=",")
```

A. 3,1,2   B. 2,1,3   C. 3,2,1,   D. 1,2,3

26. 下面代码的输出结果是(   )。

```
L = [11,22,33,44,55]
s1 =[ ','. join(str(n) for n in L)]
print(s1)
```

A. [11,22,33,44,55]   B. 11,,22,,33,,44,,55

C. ['11,22,33,44,55']   D. 11,22,33,44,55

27. 下面代码的输出结果是(   )。

```
a = [9,6,4,5]
N = len(a)
for i in range(int(len(a) / 2)):
```

　　　　a[i],a[N-i-1] = a[N-i-1],a[i]
　　print(a)

　　A. [9,6,5,4]　　　　　　　　B. [5,4,6,9]
　　C. [5,6,9,4]　　　　　　　　D. [9,4,6,5]

28. 下面代码的输出结果是(　　)。

　　a = [1,2]
　　b = [3,4]
　　a. extend(b)
　　print(a)

　　A. [4 ,2 ,3 ,1]　　　　　　　B. [1, 3, 2, 4]
　　C. [4 ,3 ,2 ,1]　　　　　　　D. [1 ,2 ,3 ,4]

29. 给出如下代码：

　　import random as ran
　　listV = []
　　ran. seed(100)
　　for i in range(10):
　　　　i = ran. randint(100,999)
　　　　listV. append(i)

以下选项中能输出随机列表元素最大值的是(　　)。

　　A. print(listV. max())　　　　B. print(listV. reverse(i))
　　C. print(listV. pop(i))　　　　D. print(max(listV))

30. Python 语句序列"ss=list(set("banana"));ss. sort();print(ss)"的运行结果是(　　)。

　　A. ['n', 'b', 'a']　　　　　　　B. ['a', 'b', 'n']
　　C. ['b','a', 'n', 'a', 'n', 'a']　　　D. ['a','a', 'a', 'b', 'n', 'n']

二、填空题

1. 表达式 [3] not in [1, 3, 5, 7, 9]的值为＿＿＿＿＿。
2. list(map(str, [1, 4, 9]))的执行结果为＿＿＿＿＿。
3. 表达式[1, 5, 9]*2 的执行结果为＿＿＿＿＿。
4. 若列表对象 aLt 的值为[3, 5, 7, 9, 11, 13, 15, 17]，那么切片 aList[3:7]得到的值是＿＿＿＿＿。
5. 任意长度的 Python 列表、元组和字符串中最后一个元素的下标为＿＿＿＿＿。
6. 使用列表推导式生成包含 10 个数字[5, 6, 7, 8, 9, 10, 11, 12, 13, 14]的列表，语句为＿＿＿＿＿。
7. 假设有列表 a = ['name', 'age', 'sex']和 b = ['wang', 18, 'Female']，请使用一个语句将这

两个列表的内容转换为字典，并且以列表 a 中的元素为"键"，以列表 b 中的元素为"值"，这个语句可以写为_____。

8. 已知 a = [1, 2, 3]和 b = [1, 2, 4]，那么 id(a[0])==id(b[0])的执行结果为_____。

9. Python 语句 list(range(1,10,3))的执行结果为_____。

10. 使用切片操作在列表对象 x 的开始处增加一个元素 3 的代码为_____。

11. 语句 sorted([1, 2, 3], reverse=True) == reversed([1, 2, 3])的执行结果为_____。

12. 表达式 sorted([111, 2, 33]，key=lambda x: len(str(x)))的值为_____。

13. 语句 x = (28,)执行后 x 的值为_____。

14. 已知 x=17，y=23，执行语句 x, y = y, x 后 x 的值是_____。

15. 可以使用内置函数_____查看包含当前作用域内所有全局变量和值的字典，_____查看包含当前作用域内所有局部变量和值的字典。

16. 字典对象的_____方法可以获取指定"键"对应的"值"，并且可以在指定"键"不存在时返回指定值，如果不指定则返回 None。

17. 字典对象的_____方法返回字典中的"键-值对"列表，_____方法返回字典的"键"列表，_____方法返回字典的"值"列表。

18. 已知 x = {1:12}，那么执行语句 x[12] = 5 后，x 的值为_____。

19. 表达式{1, 2, 3, 4} - {3, 4, 5, 6}的值为_____。

20. 使用列表推导式得到 100 以内所有能被 13 整除的数代码可以写作_____。

21. 已知 x = [3, 5, 7]，那么执行语句 x[len(x):] = [1, 2]后，x 的值为_____。

22. 已知 x = [1, 11, 111]，那么执行语句 x. sort(key=lambda x: len(str(x)), reverse=True)后，x 的值为_____。

23. 表达式 dict(zip([1,7], [13,24]))的值为_____。

24. 已知 x = [1, 2, 3, 2, 3]，执行语句 x. pop()后，x 的值为_____。

25. 表达式 list(map(list,zip(*[[1, 2, 3], [1, 4, 9]])))的值为_____。

26. 表达式[index for index, value in enumerate([8,5,7,3,8]) if value == max([8,5,7,3,8])]的值为_____。

27. 已知 x = [0,1,3,5,3,7]，那么表达式[x. index(i) for i in x if i==1]的值为_____。

28. 已知列表 x = [1, 2]，那么表达式 list(enumerate(x))的值为_____。

29. 已知 vec = [[1,2], [3,4]]，则表达式[col for row in vec for col in row]的值为_____。

30. 已知 x 为非空列表，那么执行语句 y = x[:]后，id(x[0]) == id(y[0])的值为_____。

31. 已知 x = [0,1,3,5,3,7]，执行语句 x. remove(3)后，x 的值为_____。

32. 表达式 range(10,20)[8]的值为_____。

33. 表达式 round(3. 7)的值为_____。

34. 表达式 sorted({'a':3, 'b':9, 'c':78}.values())的值为_____。
35. 已知列表 x = [1, 2, 3, 4]，那么执行语句 del x[1]后，x 的值为_____。
36. 已知列表 x = [1, 2, 3]，那么执行语句 x.insert(1, 4)后，x 的值为_____。
37. 已知 x = [[1]] * 3，那么执行语句 x[0][0] = 5 后，变量 x 的值为_____。
38. 表达式 sorted([13, 1, 237, 89, 100], key=lambda x: len(str(x)))的值为_____。
39. 已知 x = {1:2, 2:3}，那么表达式 x.get(3, 4)的值为_____。
40. 已知字典 x = {i:str(i+3) for i in range(3)}，那么表达式 ''.join([item[1] for item in x.items()])的值为_____。

三、思考题

1. 编写程序，生成包含1000个0到100之间的随机整数，并统计每个元素的出现次数。
2. 设计一个字典，并编写程序，用户输入内容作为键，然后输出字典中对应的值，如果用户输入的键不存在，则输出"您输入的键不存在！"。
3. 下面的代码用输入的多个数创建列表，并将数按从大到小的顺序输出。请在画线处添加适当代码，将程序补充完整。

```
    a,*b=eval(input('请输入多个数(逗号分隔)：'))
    ___[1]___
print('原列表：', b)
    ___[2]___
print('排序后：', b)
```

第 5 章 函数

一、选择题

1. 在 Python 中，关于函数的描述，以下选项中正确的是(　　)。
   A. 函数 eval()可以用于数值表达式求值，如 eval("2*3+1")
   B. Python 函数定义中没有对参数指定类型，这说明参数在函数中可当作任意类型使用
   C. 一个函数中只允许有一条 return 语句
   D. Python 中，def 和 return 是函数必须使用的保留字

2. 以下选项中，不属于函数的作用的是(　　)。
   A. 复用代码
   B. 提高代码执行速度
   C. 降低编程复杂度
   D. 增强代码可读性

3. 关于递归函数的描述，以下选项中正确的是(　　)。
   A. 函数名称作为返回值
   B. 包含一个循环结构
   C. 函数比较复杂
   D. 函数内部包含对本函数的再次调用

4. 在 Python 中，关于全局变量和局部变量，以下选项中描述不正确的是(　　)。
   A. 一个程序中的变量包含两类：全局变量和局部变量
   B. 全局变量不能和局部变量重名
   C. 全局变量在程序执行的全过程有效
   D. 全局变量一般没有缩进

5. 关于形参和实参的描述，以下选项中正确的是(　　)。
   A. 参数列表中给出要传入函数内部的参数，这类参数称为形式参数，简称形参
   B. 程序在调用时，将形参复制给函数的实参
   C. 程序在调用时，将实参复制给函数的形参
   D. 函数定义中参数列表里面的参数是实际参数，简称实参

6. 关于 lambda()函数，以下选项中描述错误的是(　　)。
   A. lambda()不是 Python 的保留字

B. 定义了一种特殊的函数

C. lambda()函数也称为匿名函数

D. lambda()函数将函数名作为函数结果返回

7. 给出如下代码：

```
def func(a,b):
    c=a**2+b
    b=a
    return c
a=10
b=100
c=func(a,b)+a
```

以下选项中描述错误的是(　　)。

A. 执行该函数后，变量 a 的值为 10

B. 执行该函数后，变量 b 的值为 100

C. 执行该函数后，变量 c 的值为 200

D. 该函数名称为 func

8. 下面代码的输出结果是(　　)。

```
>>>f=lambda x,y:y**x
>>>f(10,2)
```

A. 10,10   B. 10   C. 20   D. 100

9. 关于函数的参数，以下选项中描述错误的是(　　)。

A. 在定义函数时，如果有些参数存在默认值，可以在定义函数时直接为这些参数指定默认值

B. 可选参数可以定义在非可选参数的前面

C. 在定义函数时，可以设计可变数量参数，通过在参数前增加星号(*)实现

D. 一个元组可以传递给带有星号的可变参数

10. 关于 return 语句，以下选项中描述正确的是(　　)。

A. 函数必须有一个 return 语句

B. 函数中最多只有一个 return 语句

C. return 只能返回一个值

D. 函数可以没有 return 语句

11. 下面代码实现的功能描述为(　　)。

```
def fact(n):
    if n==0:
```

```
            return 1
        else:
            return n*fact(n-1)
num =eval(input("请输入一个整数："))
print(fact(abs(int(num))))
```

A. 接受用户输入的整数 N，输出 N 的阶乘值

B. 接受用户输入的整数 N，判断 N 是否是素数并输出结论

C. 接受用户输入的整数 N，判断 N 是否是水仙花数

D. 接受用户输入的整数 N，判断 N 是否是完数并输出结论

12. 给出如下代码：

```
L = ["car","train"]
def funC(a):
    L. append(a)
    return
funC("bus")
print(L)
```

以下选项中描述错误的是(　　)。

A. funC(a)中的 a 为非可选参数

B. L. append(a)代码中的 L 是全局变量

C. L. append(a)代码中的 L 是列表类型

D. 执行代码输出结果为['car', 'train']

13. 给出如下代码：

```
import turtle
def drawLine(draw):
    turtle. pendown() if draw else turtle. penup()
    turtle. fd(50)
    turtle. right(90)
drawLine(True)
drawLine(True)
drawLine(True)
drawLine(True)
```

以下选项中描述错误的是(　　)。

A. 代码 drawLine(True)中 True 替换为-1，运行代码结果不变

B. 代码 drawLine(True)中 True 替换为 0，运行代码结果不变

C. 代码 def drawLine(draw)中的 draw 可取值 True 或 False

D. 运行代码，在 Python Turtle Graphics 中绘制一个正方形

14. 下面代码的输出结果是(   )。

    ```
    def func(a,b):
        return a<<b
    s = func(5,2)
    print(s)
    ```

    A. 1   B. 6   C. 20   D. 12

15. 下面代码的输出结果是(   )。

    ```
    def fib(n):
        a,b = 1,1
        for i in range(n-1):
            a,b = b,a+b
        return a
    print (fib(7))
    ```

    A. 5   B. 13   C. 21   D. 8

16. 关于下面代码，以下选项中描述正确的是(   )。

    ```
    def fact(n, m=1) :
        s = 1
        for i in range(1, n+1):
            s *= i
        return s//m
    print(fact(m=5,n=10))
    ```

    A. 参数按照名称传递   B. 按位置参数调用

    C. 执行结果为 10886400   D. 按可变参数调用

17. 执行下面代码，错误的是(   )。

    ```
    def f(x, y = 0, z = 0): pass    # 空语句，定义空函数体
    ```

    A. f(1, z = 3)   B. f(1, x = 1, z = 3)

    C. f(1, y = 2, z = 3)   D. f(z = 3, x = 1, y = 2)

18. 关于嵌套函数，以下选项中描述错误的是(   )。

    A. 嵌套函数是在函数内部定义函数

    B. 内层函数仅供外层函数调用，外层函数之外不得调用

    C. 内层函数在外层函数以外也可以调用

    D. Python 语言支持嵌套函数定义

19. 下面代码的执行结果是(   )。

    ```
    >>> def area(r, pi = 3.14159):
            return pi * r * r
    ```

```
>>> area(3.14, 4)
```

A. 出错　　　　　B. 39.4384　　　　　C. 50.24　　　　　D. 无输出

20. 下面代码的执行结果是(　　)。

```
def greeting(args1, *tupleArgs, **dictArgs):
    print(args1)
    print(tupleArgs)
    print(dictArgs)
names = ['HTY', 'LFF', 'ZH']
info = {'schoolName' : 'NJRU', 'City' : 'Nanjing'}
greeting('Hello,', *names, **info)
```

A. Hello,

　('HTY', 'LFF', 'ZH')

　{'schoolName': 'NJRU', 'City': 'Nanjing'}

B. ['HTY', 'LFF', 'ZH']

C. 出错

D. 无输出

二、填空题

1. Python 中定义函数的关键字是_____。
2. 在函数内部可以通过关键字_____来定义全局变量。
3. 如果函数中没有 return 语句或 return 语句不带任何返回值，那么该函数的返回值为_____。
4. 在同一个作用域内，局部变量会_____同名的全局变量。
5. 表达式 sum(range(1, 10, 2))的值为_____。
6. 表达式 list(filter(None, [0,1,2,3,0,0]))的值为_____。
7. 表达式 list(filter(lambda x:x>2, [0,1,2,3,0,0]))的值为_____。
8. 表达式 list(range(50, 60, 3))的值为_____。
9. 已知 g = lambda x, y=3, z=5: x*y*z，则语句 print(g(1))的输出结果为_____。
10. 已知 g = lambda x, y=3, z=5: x+y+z，那么表达式 g(2)的值为_____。
11. 已知函数定义 def func(*p):return sum(p)，那么表达式 func(1,2,3,4)的值为_____。
12. 表达式 list(map(lambda x: len(x), ['a', 'bb', 'ccc']))的值为_____。
13. 已知 f = lambda x: x+5，那么表达式 f(3)的值为_____。
14. 表达式 sorted(['abc', 'acd', 'ade'], key=lambda x:(x[0],x[2]))的值为_____。
15. 已知函数定义 def demo(x, y, op):return eval(str(x)+op+str(y))，那么表达式 demo(3, 5,

'+')的值为_____。

16. 已知 f = lambda n: len(bin(n)[bin(n).rfind('1')+1:])，那么表达式 f(6)的值为_____。

17. 已知函数定义 def func(**p):return ''.join(sorted(p))，那么表达式 func(x=1, y=2, z=3)的值为_____。

18. 调用函数时，在实参前面加一个_____号表示序列解包。

19. Python 标准库 random 的方法用_____来生成一个[m,n]区间上的随机整数。

20. 包含 yield 语句的函数一般称为生成器函数，可以用来创建_____。

三、问答题

1. 编写函数，判断一个整数是否为素数，并编写主程序调用该函数。

2. 下面的程序用自定义函数 fsum()计算多个数的和，请在画线处添加适当的代码将程序补充完整。

```
def fsum(a):
    s=0
    for n in a:
        s+=n
    ___[1]___
b,*a=eval(input('请输入 n 个数：')
___[2]___
print(fsum(a))
```

3. 下面的程序定义函数用于计算 n!，n 从键盘输入，请在画线处添加适当的代码将程序补充完整。

```
def fact(n):
    s=1
    for  __[1]__
        s*=n
    return s
n=eval(input('请输入 n;')
print("%d!=%n,   __[2]__  )
```

第6章 字符串与正则表达式

一、选择题

1. Python 语句"print("\x48\x41! ")"的运行结果是(   )。

    A. '\x48\x41!"   B. 4841!   C. 4841   D. HA!

2. Python 语句"print(r"\nGood")"的运行结果是(   )。

    A. 新行和字符串 Good   B. r"\nGood"

    C. \nGood   D. 字符 r、新行和字符串 Good

3. Python 语句"print("{:*^10.4}". format("Flower"))"的运行结果是(   )。

    A. Flow   B. ***Flow***   C. Flower   D. Flower

4. Python 语句"print("{:. 2f}". format(20-2**3+10/3**2*5))"的运行结果是(   )。

    A. 17.56   B. 67.56   C. 12.22   D. 17.55

5. 下列 Python 语句的运行结果是(   )。

    ```
    s1 ="猎豹"
    s2 ="绝对的奔跑健将"
    print("{0:^4}:{1:!<9}". format(s1,s2))
    ```

    A. 猎豹: 绝对的奔跑健将!!!

    B. 猎豹 : 绝对的奔跑健将!!!

    C. 猎豹:! 绝对的奔跑健将!!

    D. 猎豹 :! 绝对的奔跑健将!!!

6. 下列 Python 语句的运行结果是(   )。

    ```
    >>>s='百花齐放，百鸟争鸣'
    >>>"{0:6}". format(s)
    ```

    A. '百花'   B. '百花齐'

    C. '百花齐放'   D. '百花齐放，百鸟争鸣'

7. 下列 Python 语句的运行结果是(   )。

    ```
    a ="Python 等级考试"
    b = "="
    c = ">"
    print("{0:{1}{3}{2}}". format(a,b,25,c))
    ```

    A. ===============Python 等级考试

B. Python 等级考试==============

C. >>>>>>>>>>>>>>> Python 等级考试

D. Python 等级考试>>>>>>>>>>>>>>>

8. 下列选项不是'[pjc]ython'可以匹配的是( )。

　　A. 'python'　　　　B. 'jython'　　　　C. 'cython'　　　　D. pjcython

9. 下列 Python 语句的运行结果是( )。

```
>>> import re
>>> text = 'alpha. beta. … gamma delta'
>>> re.split('[\. ]+',text)
```

　　A. [' alpha. beta. … gamma delta ']

　　B. ['alpha', 'beta', 'gamma', 'delta']

　　C. ['alpha', 'beta', 'gammadelta']

　　D. ['alpha', 'beta … ', 'gamma', 'delta']

10. 下列 Python 语句的运行结果是( )。

```
>>> pat = '{name}'>>> text = 'Dear {name}… '>>> re.sub(pat,'Mr. Dong',text)
```

　　A. 'Dear Mr. Dong'　　　　　　B. 'Dear name'

　　C. 'Dear Mr. Dong… '　　　　　D. 'Dear {name}… '

二、填空题

1. 转义字符 r'\n'的含义是_____。

2. 已知 path = r'c:\test. html'，那么表达式 path[:-4]+'htm'的值为_____。

3. 表达式'%c'%65 的值为_____。

4. 表达式'The first:{1}, the second is {0}'. format(65,97)的值为_____。

5. 表达式'{0:#d},{0:#x},{0:#o}'. format(65)的值为_____。

6. 表达式':'. join('abcdefg'. split('cd'))的值为_____。

7. 表达式'Hello world. I like Python. '. rfind('python')的值为_____。

8. 表达式'apple. peach. banana. pear'. find('peach')的值为_____。

9. 表达式':'. join('1,2,3,4,5'. split(','))的值为_____。

10. 表达式 r'c:\windows\notepad. exe'. endswith('. exe')的值为_____。

11. 表达式 len('abcdefg'. ljust(3))的值为_____。

12. 表达式 re. split('\. +', 'alpha. Beta… gamma‥delta')的值为_____。

13. 假设 re 模块已导入，那么表达式 re.findall('(\d)\\1+', '33abcd112')的值为_____。

14. 语句 print(re. match('abc', 'defg'))输出结果为_____。

15. 代码 print(re. match('^[a-zA-Z]+$','abcDEFG000'))的输出结果为_____。

16. 在设计正则表达式时，字符_____紧随任何其他限定符(*、+、、{n}、{n,}、{n,m})之后时，匹配模式是"非贪心的"，匹配搜索到的、尽可能短的字符串。

17. 假设正则表达式模块 re 已导入，那么表达式 re. sub('\d+', '1', 'a12345bbbb67c890d0e')的值为_____。

18. 已知字符串 x = 'Hello world'，那么执行语句 x. replace('hello', 'hi')后，x 的值为_____。

19. 正则表达式元字符_____用来表示该符号前面的字符或子模式一次或多次出现。

20. 表达式 'abc10'. isalnum()的值为_____。

21. 已知 x = 'abcdefg'，则表达式 x[3:] + x[:3] 的值为_____。

22. 字符串编码格式 UTF8 使用_____个字节表示一个汉字。

23. 表达式 chr(ord('a')^32)的值为_____。

24. 表达式 eval('*'. join(map(str, range(1, 6))))的值为_____。

25. 正则表达式模块 re 的_____方法用来在字符串开始处进行指定模式的匹配，而_____方法是在整个字符串中寻找模式，这两个方法如果匹配成功则返回 match 对象，匹配失败则返回空值 None。

26. 正则表达式元字符_____用来匹配任意空白字符。

27. 正则表达式_____只能检查给定字符串是否为 18 位或 15 位数字字符，并能保证一定是合法的身份证号。

28. 字节串 b'Hello world'和 b'Hello world. '的 MD5 值相差_____。

三、思考题

1. 编写程序，从键盘输入一段英文，统计其中有多少个单词。

2. 编写程序，从键盘输入一段英文，然后输出这段英文中所有长度为 3 个字母的单词。

第7章 面向对象程序设计

一、选择题

1. 对象构造方法的作用是(   )。
   A. 一般成员方法   B. 类的初始化
   C. 对象的初始化   D. 对象的建立

2. 面向对象程序设计中的私有数据是指(   )。
   A. 访问数据时必须输入保密口令
   B. 数据经过加密处理
   C. 数据为只读
   D. 外部对数据不可访问

3. 以下选项不是 Python 语言特点的是(   )。
   A. 封装   B. 传递   C. 继承   D. 多态

4. 以下有关类的说法不正确的是(   )。
   A. 对象是类的一个实例
   B. 任何对象都只能属于一个具体的类
   C. 一个类只能有一个对象
   D. 类与对象的关系和数据类型与变量的关系类似

5. 下列关于对象属性和方法的叙述中正确的是(   )。
   A. 属性是描述静态特性的数据元素，方法是描述动态特性的一组操作
   B. 属性是描述动态特性的一组操作，方法是描述静态特性的数据元素
   C. 属性是描述内在静态特性的数据元素，方法是描述外在静态特性的数据元素
   D. 属性是描述自身动态特性的一组操作，方法是描述作用于外界的动态特性的一组操作

6. 下列关于类属性的描述中不正确的是(   )。
   A. 类属性被类的所有实例所共有
   B. 类的属性不能被所有的实例所共有
   C. 类的属性在类体内定义
   D. 类的属性的访问形式为"类名．类属性名"

7. 关于类的继承，以下说法错误的是(   )。
   A. 类可以被继承，但不能继承父类的私有属性和私有方法

B. 类可以被继承，能够继承父类的私有属性和私有方法

C. 子类可以修改父类的方法，以实现与父类不同的行为表示或能力

D. 一个类可以继承多个类

8. 面向对象方法中，继承是指(　　)。

A. 类之间共享属性和操作的机制

B. 各对象之间的共同性质

C. 一组对象所具有的相似性质

D. 一个对象具有另一个对象的性质

9. 以下关于异常处理的描述，正确的是(　　)。

A. try 语句中有 except 子句就不能有 finally 子句

B. Python 中，可以用异常处理捕获程序中的所有错误

C. 引用一个不存在索引的列表元素会引发 NameError 错误

D. Python 中允许利用 raise 语句由程序主动引发异常

10. 运行以下程序：

```
try:
    num = eval(input("请输入一个列表："))
    num.reverse()
    print(num)
except:
    print("输入的不是列表")
```

从键盘输入 1,2,3，则输出的结果是(　　)。

A. [1,2,3] B. [3,2,1]

C. 运算错误 D. 输入的不是列表

11. 下面选项中，不属于面向对象要素的是(　　)。

A. 对象　　　B. 类　　　C. 过程　　　D. 继承

12. 下面关于面向对象方法优点的叙述中，不正确的是(　　)。

A. 符合人类习惯的思维方法　　B. 以功能分析为中心

C. 良好的可重用性　　D. 良好的可维护性

13. 在面向对象方法中，一个对象请求另一对象为其服务的方式是通过发送(　　)。

A. 命令　　　B. 口令　　　C. 消息　　　D. 与类同名

14. 关于面向对象的程序设计，以下选项中描述错误的是(　　)。

A. 面向对象方法可重用性好

B. Python 3.x 解释器内部采用完全面向对象的方式实现

C. 用面向对象方法开发的软件不容易理解

D. 面向对象方法与人类习惯的思维方法一致
15. 下列类的声明中不合法的是( )。
    A. class Flower: pass   B. class 中国人:pass
    C. class SuperStar(): pass   D. class A,B: pass
16. 当 Python 中的一个类定义了( )方法时，类实例化时会自动调用该方法。
    A. __auto__()   B. auto()   C. init()   D. __init__()
17. 下列有关构造方法的描述，正确的是( )。
    A. 所有类都必须定义一个构造方法
    B. 构造方法可以初始化类的成员变量
    C. 构造方法必须访问类的非静态成员
    D. 构造方法必须有返回值
18. 以下关于 C 类继承 A 类和 B 类的正确语句是( )。
    A. class C(A,B):   B. class C:A B
    C. class C:A,B   D. def class C(A,B):
19. 只有创建了实例对象才可以调用的方法是( )。
    A. 类方法   B. 静态方法
    C. 实例方法   D. 外部函数
20. 下列关于类继承的叙述中错误的是( )。
    A. 一个基类可以有多个子类，一个子类可以有多个基类
    B. 继承描述类的层次关系，子类可以具有与基类相同的属性和方法
    C. 一个子类可以作为其子类的基类
    D. 子类继承了父类的特性，故子类不是新类
21. 类中名称以两个下画线起始的方法一定是( )。
    A. 静态方法   B. 私有方法
    C. 系统方法   D. 类成员方法
22. 在每个 Python 类中都包含一个特殊的变量( )，它表示当前类本身，可以使用它来引用类中的成员变量和成员函数。
    A. this   B. me   C. self   D. 与类同名
23. 下列关于实例属性的描述中错误的是( )。
    A. 实例属性被类的所有实例所共有
    B. 实例属性属于类的一个实例
    C. 实例属性使用"self.属性名"定义
    D. 实例属性的访问形式为"self.属性名"

24. 下列关于 Python 的说法错误的是(　　)。

　　A. 类的实例方法需要在实例化后才能调用

　　B. 类的实例方法可以在实例化之前调用

　　C. 静态方法和类方法都可以被类或实例访问

　　D. 静态方法无须传入 self 参数，类方法需传入代表本类的 cls 参数

二、填空题

1. 面向对象程序设计具有 3 个基本特征：_____、_____和_____。

2. Python 使用_____关键字来定义类。

3. 表达式 type(3) in (int, float, complex)的值为_____。

4. 在 Python 中定义类时，如果某个成员名称前有_____个下画线则表示是私有成员。

5. 在 Python 中定义类时，与运算符"//"对应的特殊方法名为_____。

6. 在 Python 中，不论类的名字是什么，构造方法的名字都是_____。

7. 如果在设计一个类时实现了__contains__()方法，那么该类的对象会自动支持_____运算符。

8. Python 中一切内容都可以称为_____。

9. 对于 Python 类中的私有成员，可以通过_____的方式来访问。

10. 在 Python 中定义类时实例方法的第_____个参数表示对象自身。

11. 在派生类中可以通过_____的方式来调用基类中的方法。

12. 任何包含_____方法的类的对象都是可调用的。

13. 如果定义类时没有编写析构函数，则 Python 将提供一个默认的_____进行必要的资源清理工作。

14. 定义类时，在一个方法前面使用_____进行修饰，则该方法属于类方法。

15. Python 类的构造函数是_____。

三、思考题

1. 下面的程序运行时输出对象的 data 属性值，输出结果为 100，请在画线处添加适当的代码，将程序补充完整。

```
class test:
    def show(self):
        print(   [1]    )
x=test()
    [2]
x. show()
```

2. 声明一个矩形类，方法可返回其周长、面积，将程序补充完整。

```
class rectangle:
    a=0
    b=0
    def __init__(self,a,b):    #构造方法
        self. a=a
        self. b=b
    def girth(self):    #求矩形的周长的函数
        return   __[1]__
    def area(self):    #求矩形的面积的函数
        return   __[2]__
```

3. 自己写一个 Student 类，此类的对象有属性 name、age、score，用来保存学生的姓名、年龄、成绩。

(1) 写一个函数 input_student 读入 n 个学生的信息，用对象来存储这些信息(不用字典)，并返回对象的列表。

(2) 写一个函数 output_student 打印这些学生信息(格式不限)。

第 8 章 文件

一、选择题

1. 以下关于文件的描述，错误的是(　　)。
   A. 二进制文件和文本文件的操作步骤都是"打开→操作→关闭"
   B. open()打开文件之后，文件的内容并没有在内存中
   C. open()只能打开一个已经存在的文件
   D. 文件读写之后，需要调用 close()才能确保文件被保存在磁盘中

2. 关于 Python 对文件的处理，以下选项中描述错误的是(　　)。
   A. 当文件以文本方式打开时，读写按照字节流方式
   B. Python 能够以文本和二进制两种方式处理文件
   C. Python 通过解释器内置的 open()函数打开一个文件
   D. 文件使用结束后要用 close()方法关闭，释放文件的使用授权

3. 以下选项中，不是 Python 对文件的读操作方法的是(　　)。
   A. read()　　　B. readline()　　　C. readtext()　　　D. readlines()

4. 以下选项中，不是 Python 对文件的打开模式的是(　　)。
   A. 'w'　　　B. 'c'　　　C. '+'　　　D. 'r'

5. 关于 Python 文件打开模式的描述，以下选项中错误的是(　　)。
   A. 追加写模式 a
   B. 只读模式 r
   C. 覆盖写模式 w
   D. 创建写模式 n

6. 关于二维数据 CSV 存储问题，以下选项中描述错误的是(　　)。
   A. CSV 文件的每一行表示一个具体的一维数据
   B. CSV 文件的每行采用逗号分隔多个元素
   C. CSV 文件不是存储二维数据的唯一方式
   D. CSV 文件不能包含二维数据的表头信息

7. 关于 Python 文件的 '+' 打开模式，以下选项中描述正确的是(　　)。
   A. 与 r/w/a/x 一同使用，在原功能基础上增加同时读写功能
   B. 读模式
   C. 追加写模式
   D. 覆盖写模式

8. 给定列表 ls = {1, 2, 3, "1", "2", "3"}，其元素包含两种数据类型，则 ls 的数据组织维度是(   )。

    A. 多维数据   B. 一维数据   C. 高维数据   D. 二维数据

9. 以下选项中，不是 Python 中文件操作的相关函数是(   )。

    A. write()   B. open()   C. writeline()   D. readlines()

10. 以下选项中，不是 Python 文件处理.seek()方法的参数是(   )。

    A. 0   B. -1   C. 2   D. 1

11. 以下选项中，不是 Python 文件打开的合法模式组合的是(   )。

    A. "t+"   B. "a+"   C. "r+"   D. "w+"

12. 关于文件关闭的.close()方法，以下选项中描述正确的是(   )。

    A. 文件处理遵循严格的"打开→操作→关闭"模式

    B. 文件处理后可以不用.close()方法关闭文件，程序退出时会默认关闭

    C. 文件处理结束之后，一定要用.close()方法关闭文件

    D. 如果文件是只读方式打开，仅在这种情况下可以不用.close()方法关闭文件

13. 以下文件操作方法中，不能从 CSV 格式文件中读取数据的是(   )。

    A. readlines   B. readline   C. seek   D. read

14. 两次调用文件的 write 方法，以下选项中描述正确的是(   )。

    A. 连续写入的数据之间默认采用逗号分隔

    B. 连续写入的数据之间无分隔符

    C. 连续写入的数据之间默认采用空格分隔

    D. 连续写入的数据之间默认采用换行分隔

15. 对于特别大的数据文件，以下选项中描述正确的是(   )。

    A. 选择内存大的计算机，一次性读入再进行操作

    B. Python 可以处理特别大的文件，不用特别关心

    C. Python 无法处理特别大的数据文件

    D. 使用 for… in…循环，分行读入，逐行处理

二、填空题

1. 对文件进行写入操作之后，_____方法用来在不关闭文件对象的情况下将缓冲区内容写入文件。

2. Python 内置函数_____用来打开或创建文件并返回文件对象。

3. 使用上下文管理关键字_____可以自动管理文件对象，不论何种原因结束该关键字中的语句块，都能保证文件被正确关闭。

4. Python 扩展库_____支持对 Excel 2003 或更低版本的 Excel 文件进行写操作。

5. Python 标准库 os.path 中用来判断指定文件是否存在的方法是_____。

6. Python 标准库 os.path 中用来判断指定路径是否为文件的方法是_____。

7. 打开随机文件后，可以使用实例方法_____来进行定位。

8. Python 标准库 os.path 中用来分割指定路径中的文件扩展名的方法是_____。

9. 可以使用_____模板中提供的函数来实现 Python 对象的序列化。

10. 已知当前文件夹中有纯英文文本文件 readme.txt，请填空完成功能把 readme.txt 文件中的所有内容复制到 dst.txt 中：with open('readme.txt')as src, open('dst.txt', _____) as dst:dst.write(src.read())。

三、思考题

1. 编写程序，将包含学生成绩的字典保存为二进制文件，然后再读取内容并显示。

2. 编写程序，用户输入一个目录和一个文件名，搜索该目录及其子目录中是否存在该文件。

第9章 异常处理

一、选择题

1. 以下关于异常处理的描述，正确的是(   )。
   A. Python 中允许利用 raise 语句由程序主动引发异常
   B. Python 中，可以用异常处理捕获程序中的所有错误
   C. 引用一个不存在索引的列表元素会引发 NameError 错误
   D. try 语句中有 except 子句就不能有 finally 子句

2. Python 异常都基于基类(   )。
   A. Exception   B. Error
   C. BaseException   D. Try

3. 在 Python 程序中，执行到表达式 123+'abc'时，会抛出(   )异常。
   A. NameError   B. SyntaxError
   C. IndexError   D. TypeError

4. 试图打开一个不存在的文件时所触发的异常是(   )。
   A. KeyError   B. NameError
   C. SyntaxError   D. IOError

5. 下列错误信息中，(   )是异常对象的名字。

   Traceback (most recent call last):
     File"<pyshell#0＞",line 1, in<module>
       print(b=a)
   WaneBrror: nase 'a' is not def ined

   A. Traceback   B. NameError
   C. name is not defined   D. a

6. 以下关于异常处理的描述，选项错误的是(   )。
   A. Python 通过 try、except 等保留字提供异常处理功能
   B. NameError 是一种异常类型
   C. ZeroDivisionError 是一个变量未命名错误
   D. 异常语句可以与 else 和 finally 语句配合使用

7. 如果执行 Python 程序时，产生了"unexpected indent"的错误，则原因是(   )。
   A. 代码中使用了错误的关键字

B. 代码中缺少":"符号

C. 代码中的语句嵌套层次太多

D. 代码中出现了缩进不匹配的问题

8. 用户输入整数时不合规导致程序出错，为了不让程序异常中断，需要用到的语句是(   )。

  A. if 语句　　　　　　　　　B. try-except 语句

  C. 循环语句　　　　　　　　D. eval 语句

9. 关于程序的异常处理，以下选项中描述错误的是(   )。

  A. 程序异常发生经过妥善处理可以继续执行

  B. 异常语句可以与 else 和 finally 保留字配合使用

  C. 编程语言中的异常和错误是完全相同的概念

  D. Python 通过 try、except 等保留字提供异常处理功能

10. 当用户输入 abc 时，下面代码的输出结果是(   )。

```
try:
    n = 0
    n = input("请输入一个整数：")
    def pow10(n):
        return n* 10
except:
    print("程序执行错误")
```

  A. 程序没有任何输出

  B. 输出：abc

  C. 输出：0

  D. 输出：程序执行错误

二、填空题

1. Python 内建异常类的基类是_____。

2. 断言语句的语法为_____。

3. Python 上下文管理语句是_____。

4. 异常处理结构中的_____块中代码仍然有可能出错从而再次引发异常。

5. 带有 else 子句的异常处理结构，如果不发生异常则执行_____子句中的代码。

6. 异常处理结构也不是万能的，处理异常的代码也有_____引发异常。

7. 在 try…except…else 结构中，如果 try 块的语句引发了异常，则会执行_____块中的代码。

三、思考题

1. Python 异常处理结构有哪几种形式？
2. 异常和错误有什么区别？
3. 使用 pdb 模块进行 Python 程序调试主要有哪几种用法？

第10章 模块

一、选择题

1. Random 模块的 seed(a)函数的作用是(　　)。
   A. 生成一个[0.0，1.0)之间的随机小数
   B. 生成一个 k 比特长度的随机整数
   C. 设置初始化随机数种子 a
   D. 生成一个随机整数

2. 运行以下程序不可能产生的运行结果是(　　)。

   from random import *
   x = [30,45,50,90]
   print(choice(x))

   A. 30　　　　B. 45　　　　C. 90　　　　D. 55

3. 以下关于 random 模块的描述，正确的是(　　)。
   A. 设定相同种子，每次调用随机函数生成的随机数不相同
   B. randint(a,b)是生成一个[a, b]之间的随机整数
   C. uniform(0,1)与 uniform(0.0,1.0)输出结果不同，前者输出随机整数，后者输出随机小数
   D. 通过 from random import *引入 random 随机模块的部分函数

4. 运行以下程序不可能产生的运行结果是(　　)。

   from random import *
   print(round(random(),2))

   A. 0.47　　　B. 0.54　　　C. 0.27　　　D. 1.87

5. 运行以下程序产生的运行结果是(　　)。

   import time
   t = time. gmtime()
   print(time. strftime("%Y-%m-%d%H:%M:%S",t))

   A. 系统当前的日期与时间　　　　B. 系统当前的日期
   C. 系统当前的时间　　　　　　　D. 系统出错

二、填空题

1. Python 包含了数量众多的模块。通过语句_____可以导入模块，并使用其定义的功能。

2. Python 中假设有模块 m，如果希望同时导入 m 中的所有成员，则可以采用的导入形式是_____。

3. Python 中使用内置_____也可以导入模块。

4. Python 中 sys 模块的_____属性返回一个路径列表。

5. Python 模块中定义的所有成员，包括变量、函数和类可以通过内置的函数_____查看，也可以通过其帮助信息查看。

三、思考题

1. Python 包和模块是什么关系？包和模块组成的层次组织结构分别对应于什么？
2. Python 中创建包的基本步骤和内容是什么？如何导入和使用包？
3. Python 中导入模块时一般采用什么搜索顺序？

综合测验

一、单选题(每题 1 分，共 10 分)

1. 下列是 Python 合法标识符的是(　　)。

    A. 2var　　　　　B. var2　　　　　C. $var　　　　　D. while

2. 设有变量赋值 x=3,y=4,z=5，以下的表达式中值为 True 的是(　　)。

    A. x>y or x>z　　B. x!=y　　　　　C. z>x+y　　　　D. x<y and not(x<z)

3. 下列语句执行后，c 的值是(　　)。

    ```
    a=4
    b=5
    c=6
    if a<b:
        a+=1
        c+=1
    ```

    A. 5　　　　　　B. 3　　　　　　C. 4　　　　　　D. 7

4. 下列选项中属于集合的是(　　)。

    A. [1,2,3]　　　　　　　　　　　B. {1:2,2:3,3:4}

    C. {1,2,3}　　　　　　　　　　　D. "123"

5. 已知 a=[1,2,3,4,5]，下列选项中能够输出列表 a 中最后一个元的代码是(　　)。

    A. print(a[5])　　　　　　　　　B. print(a[4])

    C. print(a[len(a)])　　　　　　　D. print(a(9))

6. 显式抛出异常的语句有(　　)。

    A. Throw　　　　B. raise　　　　C. try　　　　　D. except

7. 已知 s="Hello Python and Hello world"，则 s[3:8]的值为(　　)。

    A. "lo Py"　　　B. "lo Pyt"　　　C. "llo Py"　　　D. "lo Pyth"

8. 面向对象的三大特征不包括(　　)。

    A. 封装　　　　　B. 继承　　　　　C. 多态　　　　　D. 重写

9. 对于读写文件的操作，下列不正确的是(　　)。

    A. f = open("text. txt","r")

    B. f = open("text. txt","w")

    C. f = open("D:\src\text. txt","r")

    D. f = open(r"D:\src\text. txt","w")

10. 执行下列代码，输出的结果是(　　)。

```
number = 10
def demo():
    number += 1
    print(number)
demo()
```

　　A. 10　　　　　　B. 11　　　　　　C. 12　　　　　　D. 报错

二、填空题(每题 2 分，共 20 分)

1. 在 Python 中，空语句的关键字是_____。

2. 列表、元组、字符串是 Python 的_____(有序或无序)序列。

3. 查看变量类型的内置函数是_____。

4. 已知列表 a=[1,2,3,4]，执行 a.insert(2,5)之后，a 的值为_____。

5. 表达式'Hello world. I like Python. '.rfind('python')的值为_____。

6. Python 中定义函数的关键字是_____。

7. 已知 g = lambda x, y=3, z=5: x*y*z，则语句 print(g(1))的输出结果为_____。

8. 在 Python 中，不论类的名字是什么，构造方法的名字都是_____。

9. 使用上下文管理关键字_____可以自动管理文件对象，不论何种原因结束该关键字中的语句块，都能保证文件被正确关闭。

10. Python 标准库 os.path 中用来判断指定路径是否为文件的方法是_____。

三、读程序写结果(每题 5 分，共 20 分)

1. 阅读下面的程序，写出程序的运行结果。

```
for num in range(2,10):
    if num%2==0:
        continue
    print(num,"是一个奇数")
```

运行结果：

2. 阅读下面的程序，写出程序的运行结果。

```
def demo(ls,k):
    if k<len(ls):
        return ls[k:]+ls[:k]
ls = [1,2,3,4,5,6,7]
ls2 = demo(ls,4)
print(ls2)
```

运行结果：

3. 写出下列程序输入 3 时的运行结果。

```
d = {1:"monday",2:"tuesday",3:"wednesday",4:"thursday",
    5:"friday",6:"saturday",7:"sunday"}
i =int(input("请输入:"))
print(d[i])
```

运行结果：

4. 阅读下面的程序，写出程序的运行结果。

```
def demo(num):
    while num!=1:
        if num%2==0:
            num=num//2
        else:
            num=num+1
        print(num)
demo(3)
```

运行结果：

四、程序填空(每题 5 分，共 20 分)

1. 下面的程序输出对象的两个属性值，输出结果为"None0"，请在画线处添加适当的代码，将程序补充完整。

```
class Test:
    def _____
        self. name="None"
        self. age=0

_____
    print(x. name,x. age)
```

2. 下面的程序从键盘输入一个字符串，将其写入文件，然后从文件读取该字符串，并用反的顺序输出，请在画线处添加适当的代码，将程序补充完整。

```
f=open('d:/test. txt', _____)
c=input('请输入字符串：')
f. write(c)
_____
a=f. read()
```

```
print(a[::-1])
f.close()
```

3. 下面的程序是根据已有字典 x，生成一个新的字典，新字典是字典 x 去除重复值的键值对后的结果。请在画线处添加适当的代码，将程序补充完整。

```
x = dict(a=1,b=2,c=3,d=2,e=4,f=3)
y= {}
for key,value in _____():
    for v in y.values():
        if v==value:
            _____
    else:
        y[key]=value
print(y)
```

4. 下面的程序完成输入十进制整数，把它转换成以字符串形式存储的二进制数，并输出该二进制数字符串。请在画线处添加适当的代码，将程序补充完整。

```
def demo(decimal):
    binary = ""
    while _____:
        binary = str(decimal%2) +binary
        decimal = _____
    return binary
print(demo(13))
```

五、编程题(每题 15 分，共 30 分)

1. 编写程序，计算 1+(1+2)+(1+2+3)+…+(1+2+3+…+30)的值。

2. 读入一个字符串，内容为英文文章，输入其中出现最多的单词(仅输入单词，不计算标点符号，同一个单词的大小写形式合并计数)，统一以小写输出。

例如，输入 this is a python and Python，则输出 python。

参考答案

第1章

一、选择题

1~5 CBDBA   6~10 DACDB

二、填空题

1. pip，setuptools   2. sqrt()
3. py，pyw   4. pyc
5. exit()，Alt+F4   6. F5
7. Alt+P   8. 静态，脚本，脚本
9. pip –help   10. 交互式，脚本方式

三、简答题

1. 作为目前最受欢迎的程序设计语言之一，Python 语言的优点是：简单易学、开源、可移植、可扩展性、可嵌入、丰富的库、高级语言、面向对象。Python 语言的缺点主要有运行速度慢和代码不能加密。

2. Python 语言主要应用方向有常规软件开发、科学计算、自动化运维、云计算、Web 开发、网络爬虫、数据分析、人工智能、数据库编程、网络编程和多媒体应用等方面。

3. Python 中常用导入模块中的对象有以下 3 种方式。

import 模块名 [as 别名]

from 模块名 import 对象名[as 别名]

from math import *

4. 每个 Python 脚本在运行时都有一个__name__属性。如果脚本作为模块被导入，则其__name__属性的值被自动设置为模块名；如果脚本独立运行，则其__name__属性值被自动设置为__main__。利用__name__属性即可控制 Python 程序的运行方式。

第 2 章

一、选择题

1~5　CBDAC　　　6~10　CABAD

11~15　DCABD　　16~20　CBDAD

二、填空题

1. 缩进　　　　　　2. None

3. 有序　　　　　　4. id()

5. 3+4j, 3+4j　　　6. |

7. A<B　　　　　　8. random

9. del　　　　　　10. 83

11. 1;2;3　　　　　12. False

13. len()　　　　　14. 20

15. 'H'　　　　　　16. __main__

17. set　　　　　　18. i%3==0 and i%5==0

19. True　False　　20. a b c d e f g h i j

三、思考题

1. 略

2. 略

3. 略

4. (1)　20

　(2)　18

　(3)　90

　(4)　18.0

　(5)　2.0

　(6)　-2.0

5. 请输入一个整数:>? 1314

6. 4131

原数= 791，变换后= 197

程序的功能是将随机产生的一个 3 位整数逆序成数

7. 8 5 6

程序的功能是依次取出一个三位整数的每一个数字

8. 数量 50，单价 285.5
   数量 50，单价 285.50
   数量 50，单价 285.50

第3章

一、选择题

1～5 DCABC   6～10 DADBC

11～15 ABDCB   16～20 DABCC

二、填空题

1. and、or、not   2. in

3. 0,1,2   4. 会

5. break，continue 6. 6

7. else，if   8. break

9. 25 或 26   10. score>80 or score<60

三、思考题

1. [1]s=0   [2]in range(1,102，2):

2. [1]in range(1,n-1):   [2]a,b=b,a+b

3. [1]s=1   [2]x*=i

4.

```
x = int(input())
for i in range(2, x):
    for m in range(2, i//2):
        if i % m == 0:
            break
        else:
            j = x-i
            for n in range(2, j//2):
                if j % n == 0:
                    break
                else:
                    print('%d=%d+%d' % (x, i, j))
                    break
```

5.

```
x = input('Please input x:')
x = eval(x)
```

```
if x < 3000:
    print(0)
elif 3000 <= x < 5000:
    print((x-3000)*0.03)
elif 5000 <= x < 10000:
    print((x-5000)*0.1+(5000- 3000) * 0.03)
elif x >= 10000:
    print((x-10000)*0.2 +(10000- 5000) * 0.1 + (5000 - 3000) * 0.03)
```

第4章

一、选择题

1~5   CBAAD   6~10   BDCBA
11~15 DABAC   16~20 CADCB
21~25 DADBC   26~30 CBADB

二、填空题

1. True
2. ['1', '4', '9']
3. [1, 5, 9, 1, 5, 9]
4. [9, 11, 13, 15]
5. -1
6. [i+5 for i in range(10)]
7. c = dict(zip(a, b))
8. True
9. [1, 4, 7]
10. x[0:0] = [3]
11. False
12. [2, 33, 111]
13. (28,)
14. 23
15. globals(),locals()
16. get()
17. items(),keys(),values()
18. {1: 12, 12: 5}
19. {1, 2}
20. [i for i in range(100) if i%13==0]
21. [3, 5, 7, 1, 2]
22. [111, 11, 1]
23. {1: 13, 7: 24}
24. [1, 2, 3, 2]
25. [[1, 1], [2, 4], [3, 9]]
26. [0, 4]
27. [1]
28. [(0, 1), (1, 2)]
29. [1, 2, 3, 4]
30. True
31. [0, 1, 5, 3, 7]
32. 18
33. 4
34. [3, 9, 78]
35. [1, 3, 4]
36. [1, 4, 2, 3]
37. [[5], [5], [5]]
38. [1, 13, 89, 237, 100]
39. 4
40. '345'

三、思考题

1.
```
import random
x = [random. randint(0,100) for i in range(1000)]
d = set(x)
for v in d:
    print(v, ':', x. count(v))
```

2.
```
d = {1:'one',2:'two',3:'three',4:'four',5:'five'}
v = input('Please input a key:')
v = eval(v)
print(d. get(v,'您输入的键不存在'))
```
b. insert(0,a)　　　　b. sort(reverse=True)

3. [1] b.insert(0, a)

　　[2] b.sort(reverse = True)

第 5 章

一、选择题

1～5　ABDBC　　　6～10　ACDBD
11～15 ADBCB　　16～20　ABCBA

二、填空题

1. def
2. global
3. None
4. 隐藏
5. 25
6. [1, 2, 3]
7. [3]
8. [50, 53, 56, 59]
9. 15
10. 10
11. 10
12. [1, 2, 3]
13. 8
14. ['abc', 'acd', 'ade']
15. 8
16. 1
17. 'xyz'
18. *
19. randint(m,n)
20. 生成器对象

三、问答题

1.
```
import math
def IsPrime(v):
    n = int(math.sqrt(v)+1)
    for i in range(2,n):
        if v%i==0:
            return 'No'
    else:
        return 'Yes'
print(IsPrime(37))
print(IsPrime(60))
print(IsPrime(113))
```

2. [1] return s
   [2] a.append(b)

3. [1] a in range(2, n+1):
   [2] fact(n)

return s　　　　a. append(b)
a in range(2,n+1):　　fact(n)

第6章

一、选择题

1～5　DCBAB　　　　6～10　DADBC

二、填空题

1. 回车换行
2. 'c:\\test.htm'
3. 'A'
4. 'The first:97, the second is 65'
5. '65,0x41,0o101'
6. 'ab:efg'
7. -1
8. 6
9. '1:2:3:4:5'
10. True
11. 7
12. ['alpha', 'beta', 'gamma', 'delta']
13. ['3', '1']
14. None
15. None
16. ?
17. 'a1bbbb1c1d1e'
18. 'Hello world'
19. +
20. True
21. 'defgabc'
22. 3
23. 'A'
24. 120
25. match()，search()
26. \s
27. ^\d{18}|\d{15}$
28. 很大

三、思考题

1.
```
import re
s = input('Please input a string:')
pattern = re.compile(r'\b[a-zA-Z].*?\b')
l = pattern.findall(s)
print(len(l))
```

2.
```
import re
x = input('Please input a string:')
pattern = re.compile(r'\b[a-zA-Z]{3}\b')
print(pattern.findall(x))
```

第 7 章

一、选择题

1~5 CDBCA   6~10 BBADD
11~15 CBCCD   16~20 DBACD
21~24 BCAB

二、填空题

1. 多态   继承   封装   2. class
3. True   4. 2
5. __floordiv__()   6. __init__
7. in   8. 对象
9. "对象名._类名__私有成员名"   10. 一
11. "基类名.方法名()"   12. __call__()
13. 析构函数   14. @classmethod
15. __init__()

三、思考题

1. [1]self.data   [2]x.data=100
2. [1](self.a+self.b)*2 [2]self.a*self.b
3.

(1) class Student():
    def __init__(self, name, age, score):
        self.name = name
        self.age = age
        self.score = score

(2) def input_student():
    L = []
    while True:
        name = input("姓名:")
        if not name: # 当输入回车时结束录入
            break
        age = input("年龄:")
        score = input("成绩:")
        s = Student(name, age, score)

```
            L.append(s)
        return L
def output_student(lst):
    for i in lst:
        print("姓名:%s  年龄:%s  成绩:%s" % (i.name, i.age, i.score))
def main():
    L = input_student()
    output_student(L)
main()
```

第 8 章

一、选择题

1~5 CACBD 　　　　6~10 DADCB

11~15 ABCBD

二、填空题

1. flush()　　　　　2. open()

3. with　　　　　　4. xlwt

5. exists()　　　　　6. isfile()

7. seek()　　　　　　8. splitext()

9. pickle　　　　　　10. 'w'

三、思考题

1.

```
import pickle
d = {'张三': 98, '李四': 90, '王五': 100}
print(d)
f = open('score. dat', 'wb')
pickle. dump(1, f)
pickle. dump(d, f)
f. close()
f = open('score. dat', 'rb')
pickle. load(f)
d = pickle. load(f)
f. close()
print(d)
```

2.

```
# 此程序需要在命令行使用(Python 8. py (目录名) (文件名)执行
import sys
import os
directory = sys. argv[1]
filename = sys. argv[2]
paths = os. walk(directory)
for root,dirs,files in paths:
```

```
        if filename in files:
            print('Yes')
            break
    else:
        print('No')
```

第 9 章

一、选择题

1～5　ACBDB　　　　6～10　CDBCA

二、填空题

1. BaseException　　2. assert
3. with　　　　　　　4. finally
5. else　　　　　　　6. 可能
7. except

三、思考题

1. 比较常用的形式有以下几种。

(1) 标准异常处理结构。

try:
　　try 块　#被监控的语句，可能会引发异常
except Exception[, reason]:
　　except 块　#处理异常的代码

如果需要捕获所有异常，可以使用 BaseException，代码格式如下。

try:
　　……
except BaseException, e:
　　except 块　　　　　　#处理所有错误

上面的结构可以捕获所有异常，尽管这样很安全，但是一般并不建议这样做。对于异常处理结构，一般的建议是尽量显式捕捉可能会出现的异常并且有针对性地编写代码进行处理，因为在实际应用开发中，很难使用同一段代码去处理所有类型的异常。当然，为了避免遗漏没有得到处理的异常干扰程序的正常执行，在捕捉了所有可能想到的异常之后，也可以使用异常处理结构的最后一个 except 来捕捉 BaseException。

(2) try… except… else… 语句。

(3) 在实际开发中，同一段代码可能会抛出多个异常，需要针对不同的异常类型进行相应的处理。为了支持多个异常的捕捉和处理，Python 提供了带有多个 except 的异常处理结构，这类似于多分支选择结构，一旦某个 except 捕获了异常，则后面剩余的 except 子句

将不会再执行。其语法如下。

```
try:
    try 块                #被监控的语句
except Exception1:
    except 块 1           #处理异常 1 的语句
except Exception2:
    except 块 2           #处理异常 2 的语句
```

(4) 将要捕获的异常写在一个元组中,可以使用一个 except 语句捕获多个异常,并且共用同一段异常处理代码,当然,除非确定要捕获的多个异常可以使用同一段代码来处理,否则并不建议这样做。

(5) try…except…finally…结构。在该结构中,finally 子句中的内存无论是否发生异常都会执行,常用来做一些清理工作以释放 try 子句中申请的资源。其语法如下。

```
try:
    ……
finally:
    ……        #无论如何都会执行的代码
```

2. 异常是指因为程序执行过程中出错而在正常控制流以外采取的行为。严格来说,语法错误和逻辑错误不属于异常,但有些语法错误往往会导致异常,如由于大小写拼写错误而访问不存在的对象或试图访问不存在的文件等。

3. 主要有以下 3 种方式。

(1) 在交互模式下使用 pdb 模块提供的功能可以直接调试语句块、表达式、函数等多种脚本。

(2) 在程序中嵌入断点来实现调试功能。

在程序中首先导入 pdb 模块,然后使用 pdb.set_trace()在需要的位置设置断点。如果程序中存在通过该方法调用显式插入的断点,那么在命令提示符环境下执行该程序或双击执行程序时将自动打开 pdb 调试环境,即使该程序当前不处于调试状态。

(3) 使用命令行调试程序。

如果在命令行提示符下执行"python –m pdb 脚本文件名",则直接进入调试环境;当调试结束或程序正常结束以后,pdb 将重启该程序。

第10章

一、选择题

1~5　CABDA

二、填空题

1. import
2. from m import *
3. 函数
4. path
5. dir()

三、思考题(略)

综合测验

一、单选题

1~5　BBDCB　　　6~10　BADCD

二、填空题

1. pass　　2. 有序
3. type()　　4. [1,2,5,3,4]
5. -1　　6. def
7. 15　　8. __init__
9. with　　10. isfile()

三、读程序写结果

1. 运行结果：

3 是一个奇数
5 是一个奇数
7 是一个奇数
9 是一个奇数

2. 运行结果：

[5, 6, 7, 1, 2, 3, 4]

3. 运行结果：

wednesday

4. 运行结果：

4
2
1

四、程序填空

1. __init__(self):　　x=Test()
2. 'w+'　　　　f.seek(0)

3. x. items　　　　　break

4. decimal　　　　　decimal//2

五、编程题

1.
```
s = 0
for i in range(1, 31):
    t = 0
    for j in range(1, i+1):
        t = t + j
    s = s + t
print(s)
```

2.
```
s = input("请输入一段英文字符串:")
ls = s. split(' ')
d = {}
for i in ls:
    if i. lower() in d:
        d[i. lower()] += 1
    else:
        d[i. lower()] = 1
result = sorted(d. items(),key=lambda x:x[1],reverse=True)
print(result[0][0])
```